中国资源生物研究系列

东北乌腺金丝桃研究

张克勤　肖凤艳　常桂英　张南翼　赵桂英　等　著

科学出版社

北京

内 容 简 介

本书较系统地介绍了乌腺金丝桃的形态特征、分布及生长发育，遗传物质及遗传多样性，重要化学成分的提取分离及质量分析、生物功效及其应用，人工繁殖及有害生物控制等内容。

本书可供高等院校生物学、农学、环境与资源学、中药学、中药资源学及中药栽培学等专业的教师、学生及相关科研院所的研究人员，药品、食品行业的从业人员及行政管理部门的有关人员参考。

图书在版编目（CIP）数据

东北乌腺金丝桃研究/张克勤等著.—北京：科学出版社，2018.1
（中国资源生物研究系列）
ISBN 978-7-03-054709-5

Ⅰ.①东⋯　Ⅱ.①张⋯　Ⅲ.①金丝桃属–研究–东北地区
Ⅳ.①Q949.758.5

中国版本图书馆CIP数据核字（2017）第244261号

责任编辑：张会格　岳漫宇／责任校对：郑金红
责任印制：张　伟／封面设计：刘新新

科学出版社 出版
北京东黄城根北街16号
邮政编码：100717
http://www.sciencep.com

北京京华虎彩印刷有限公司 印刷
科学出版社发行　各地新华书店经销

*

2018年1月第 一 版　开本：B5（720×1000）
2018年1月第一次印刷　印张：12
字数：240 000

定价：98.00元

（如有印装质量问题，我社负责调换）

《东北乌腺金丝桃研究》著者名单

主要著者：

　　　　张克勤（吉林农业科技学院）
　　　　肖凤艳（吉林农业科技学院）
　　　　常桂英（吉林农业科技学院）
　　　　张南翼（吉林农业大学）
　　　　赵桂英（吉林农业科技学院）

其他著者：

　　　　郭树义（吉林农业科技学院）
　　　　高彦宇（黑龙江中医药大学）
　　　　范文忠（吉林农业科技学院）
　　　　刘晓丹（吉林农业科技学院）
　　　　谢秀芝（吉林农业科技学院）
　　　　王　霞（吉林农业科技学院）
　　　　王秋竹（吉林农业科技学院）
　　　　宋海燕（吉林农业科技学院）
　　　　彭　诚（吉林农业科技学院）
　　　　徐济责（吉林农业科技学院）

前　言

乌腺金丝桃是一棵经常在植物群落中被淹没的小草，清秀的枝叶和金黄的花序使它成为一棵美丽的小草，多种的活性成分和功能成就一棵可以造福于人类的小草；同时，近些年其生存的生态环境被破坏(如过度的放牧、垦荒等)，分布范围迅速缩小，种群数量急剧下降，也使它成为了一棵濒危的小草。

关于乌腺金丝桃的研究，国内开始比较早的是黑龙江中医药大学李冀教授带领的研究团队，他们在乌腺金丝桃对心脏疾病、抑郁症的治疗作用方面进行了深入、系统的研究，为以后的研究工作奠定了良好的基础。但在资源保护和合理利用方面缺乏系统的研究工作。针对上述现状，张克勤教授所在的研究团队对它产生了浓厚的兴趣。经过 8 年左右时间，在国家自然科学基金和吉林省科技发展计划重点项目的资助下，对乌腺金丝桃的形态特征、化学成分、功能及人工繁殖方面进行了系统的研究。

为了更好地总结、分析和推介这些研究成果，以期引起社会的更多关注，从而避免乌腺金丝桃生存环境进一步恶化，以保护这个濒危物种，并促进资源的合理利用，造福社会，我们组织相关研究人员编写了这本书。

本书是在张克勤教授的倡导和组织下开始编写的，期间得到了长白山动植物资源利用与保护吉林省高校重点实验室的资助。我们先后邀请吉林农业科技学院、吉林农业大学和黑龙江中医药大学的十余名研究人员，针对每个人的研究成果，在科学出版社专业人员的指导下，在各位作者的支持下，从 2015 年末开始，经过半年的时间完成了各自研究内容的初稿的编写工作。之后，又由常桂英教授、肖凤艳副教授进行了统稿和系统的修改，同时也得到科学出版社张会格编辑的进一步指导，前后经历了数次的修改、调整，今天终于面世了。

本书共分为六章：第一章主要介绍乌腺金丝桃的形态特征、分布、分类及生长发育；第二章主要介绍乌腺金丝桃的遗传物质 DNA、遗传信息传递者 RNA 的提取及检测方法，乌腺金丝桃及其同属植物的 RAPD 反应体系优化及其遗传多样性；第三章主要介绍金丝桃素、金丝桃苷、黄酮类等化学成分的提取分析及不同种植条件下有效成分的含量变化；第四章主要介绍乌腺金丝桃对心脏疾病、抑郁症的治疗作用，保肝护肝及对酶活性的调节作用，同时也对其毒理学进行了初步的分析；第五章主要介绍乌腺金丝桃的人工繁殖研究，包括乌腺金丝桃组织细胞的悬浮培养技术、露地栽培技术、有害生物防控技术和采收、加工、储藏技术；第六章介绍了有害生物，包括病虫害和田间杂草的防治技术。在编写过程中，为了保持每一部分的完整性，便于读者阅读、参考和分析，均在每一章的相关部分介绍了本章研究内容所涉及的研究方法、讨论等。

  本书的编写由吉林农业科技学院、黑龙江中医药大学和吉林农业大学作者联合完成，吉林农业科技学院为主要著作单位，其中第一章由吉林农业科技学院、吉林农业大学作者联合编写，第二章、第四章由黑龙江中医药大学和吉林农业科技学院作者联合编写，第三章、第五章由吉林农业科技学院作者编写，第六章由吉林农业科技学院作者编写。

  编写期间也得到三所学校领导和相关部门的支持，特别要感谢长白山动植物资源利用与保护吉林省高校重点实验室的资助。

  由于作者水平有限，书中内容难免存在不足，请专家和读者不吝赐教。

张克勤
2017 年 10 月

目 录

前言

第一章 乌腺金丝桃生物学基础研究 ·· 1
第一节 乌腺金丝桃的分类地位及形态结构 ·· 1
一、分类地位 ··· 1
二、外部形态 ··· 1
三、显微结构 ··· 2
四、分布 ··· 5
第二节 乌腺金丝桃的生态习性 ·· 5
一、生活环境 ··· 5
二、生长发育(物候期) ·· 5
三、种群数量 ··· 13
参考文献 ·· 13

第二章 乌腺金丝桃的遗传物质及遗传多样性 ·· 15
第一节 DNA、RNA 的提取与检测 ·· 15
一、提取与检测方法 ·· 15
二、结果与分析 ·· 19
第二节 乌腺金丝桃及同属植物的 RAPD 反应体系优化研究 ······························· 23
一、准备基因组 DNA ·· 23
二、仪器设备和药品试剂 ·· 23
三、试验方法 ··· 23
四、试验结果 ··· 25
第三节 乌腺金丝桃 ISSR 反应体系构建及遗传多样性分析 ································ 26
一、试验材料 ··· 27
二、试验方法 ··· 27
三、结果与分析 ·· 28
四、讨论 ··· 31
参考文献 ·· 32

第三章 乌腺金丝桃重要化学成分及质量控制研究 ··· 34
第一节 乌腺金丝桃重要化学成分研究 ··· 34
一、试验材料 ··· 34
二、仪器与试剂 ·· 35
三、试验方法 ··· 35

    四、结果与分析 37
    五、结论 50
    六、色谱图 50
  第二节　乌腺金丝桃质量控制研究 56
    一、栽培与野生乌腺金丝桃不同部位中总黄酮及芦丁的含量 56
    二、种植密度对乌腺金丝桃中金丝桃素含量的影响 61
    三、种植密度对乌腺金丝桃中总黄酮含量的影响 64
    四、伪金丝桃素的含量 68
    五、乌腺金丝桃 HPLC 指纹图谱研究 74
  参考文献 80
第四章　乌腺金丝桃的功能及应用研究 82
  第一节　乌腺金丝桃防治心脏疾病的功能 82
    一、抗心律失常作用研究 82
    二、抗心肌缺血及保护心肌细胞作用研究 83
    三、对心肌离子通道作用的研究 83
    四、乌腺金丝桃配伍传统中药对心脏的影响 84
  第二节　乌腺金丝桃抗抑郁的功能 84
    一、对慢性不可预见性应激刺激结合孤养抑郁大鼠模型(CUMS)的影响 85
    二、乌腺金丝桃不同提取部位抗抑郁活性的研究 86
  第三节　乌腺金丝桃护肝的功能 86
    一、金丝桃苷保肝作用 86
    二、槲皮素保肝作用 87
    三、乌腺金丝桃的保肝作用 87
  第四节　乌腺金丝桃醇溶物体外活性的研究 92
    一、试验材料 92
    二、试验方法 92
    三、结果与分析 94
    四、结论与讨论 101
  第五节　乌腺金丝桃其他功能 101
  第六节　乌腺金丝桃毒理学初步研究 102
    一、试验方法 102
    二、结果与分析 104
    三、讨论与结论 104
  参考文献 105
第五章　乌腺金丝桃繁育技术研究 107
  第一节　田间栽培技术 107
    一、育苗技术 107

二、移植技术 111
　第二节　栽培密度对乌腺金丝桃地上部分生物量及形态变化的影响 121
　　一、材料与方法 121
　　二、结果 122
　　三、讨论 124
　第三节　田间管理技术 125
　　一、浇水 125
　　二、补栽 126
　　三、除草松土 126
　　四、收割 126
　　五、浇封冻水 126
　　六、第二年及后期的日常管理 127
　第四节　组织培养技术 131
　　一、药用植物组织培养技术 131
　　二、金丝桃属植物组织培养研究现状 135
　　三、乌腺金丝桃组织培养技术 141
　第五节　加工储藏方法 154
　　一、储藏条件对产品质量的影响 154
　　二、加工方法对产品质量的影响 155
　参考文献 158
第六章　乌腺金丝桃的有害生物治理 163
　第一节　常见杂草的种类概述 163
　　一、常见的杂草 163
　　二、杂草的综合治理 172
　第二节　常见害虫的种类概述 172
　　一、东方蝼蛄 172
　　二、蛴螬 173
　　三、金针虫 175
　　四、地老虎 176
　第三节　常见病害种类概述 177
　　一、乌腺金丝桃链格孢菌叶斑病 177
　　二、乌腺金丝桃立枯病 177
　　三、乌腺金丝桃猝倒病 178
　参考文献 178

第一章　乌腺金丝桃生物学基础研究

第一节　乌腺金丝桃的分类地位及形态结构

一、分类地位

1753 年由瑞典学者林奈出版的《植物种志》首次提出金丝桃属植物,并将其定名为 *Hypericum*,后易名为 *Sarothra*。日本植物学家 Y. Kimura 于 1936 年发表《植物杂志》最终将其定名为 *Takasagoya*。金丝桃属植物在不同的分类系统中有不同的分类地位,1959 年英国学者哈钦松将其列入金丝桃目金丝桃科。1964 年德国学者恩格勒将其列入藤黄目藤黄科,我国《中国高等植物图鉴补编》(第二册)、《经济植物手册》(上册)、《中国高等植物》、《中国植物志》、《云南植物志》等也将其归为藤黄科(Guttiferae)金丝桃属(*Hypericum* L.)。《长白山西南坡野生经济植物志》、《东北草本植物志》将其归为金丝桃科(Hyperiaceae)金丝桃属(*Hypericum* L.)。《中国高等植物科属检索表》将其划入原始花被纲藤黄科金丝桃属。《种子植物系统学》将其归为五桠果亚纲藤黄科金丝桃属。《拉汉英种子植物名称》对其的分类为藤黄科(Guttiferae)(金丝桃科、山竹子科)藤黄属(*Garcinia* L.)[山竹子属(*Garcinia*)]。1980 年苏联学者塔赫将其列入山茶目山竹子科。目前广泛采用的是美国学者克朗奎斯特的主张,将其列入山茶目藤黄科。2003 年出版的《被子植物 APG II 分类法(修订版)》是由被子植物种系发生学组(APG),对 1998 年出版的《被子植物 APG 分类法》的修订,吸收了全世界大部分著名的植物分类学家的意见。因此,我们也接受《被子植物 APG II 分类法(修订版)》对乌腺金丝桃分类地位的界定:I 类真蔷薇分支 eurosids I 金虎尾目(Malpighiales)藤黄科(Guttiferae)金丝桃亚科(Hypericoideae)金丝桃族(Hypericeae)金丝桃属(*Hypericum*)贯叶连翘组(Sect. *Hypericum*)乌腺金丝桃(*Hypericum attenuatum* Choisy)。

二、外部形态

乌腺金丝桃为多年生草本植物,高 30~70cm。根茎具发达的侧根及须根。茎数个丛生,直立,圆柱形,常有 2 条纵线棱,且全面散生黑色腺点。叶无柄;叶片卵状长圆形或卵状披针形至长圆状倒卵形,长(0.8~)1.5~2.5(~3.8)cm,宽(0.3~)0.5~1.2cm,先端圆钝或渐尖,基部渐狭或微心形,略抱茎,全缘,两面通常光滑，下面散生黑腺点，侧脉 2 对，与中脉在上面凹陷，下面凸起，边缘脉及脉网不明显。花序顶生，多花或有时少花，为近伞房状或圆锥花序；苞片长圆形，长约 0.5cm。花直径 1.3～1.5cm，平展；花蕾卵珠形；花梗长 3～4mm。萼片卵状披针形，长约 5mm，宽 2mm，先端锐尖，表面及边缘散生黑腺点。花瓣淡黄色，长圆状倒卵形，长约 1cm，宽约 0.4cm，先端钝形，表面及边缘有稀疏的黑腺点，宿存。雄蕊 3 束，每束有雄蕊约 30 枚，花药具黑腺点。子房卵珠形，长约 3.5mm，3 室；花柱 3，自基部离生，与子房等长或稍长于子房。蒴果卵珠形或长圆状卵珠形，长 0.6～10mm，宽约 4mm，具长短不等的条状腺斑。种子黄绿色、浅灰黄色或浅棕色，圆柱形，微弯，长 1.2～1.3mm，宽约 0.5mm，两端钝形且具小尖突，两侧有龙骨状突起，表面有细蜂窝纹。

三、显微结构

显微结构就是在普通光学显微镜中能观察到的组织构造。药用植物的显微鉴定方法主要是利用显微成像技术对中药材进行显微结构的鉴定研究。显微鉴定包括组织鉴定和粉末鉴定。

(一)研究方法

1. 器官组织的显微结构研究方法

采用徒手切片法做横切片。选取根、茎、叶的适当部位切成 10～20μm 厚的薄片，用蒸馏水或水合氯醛试液作封藏试剂，用光学显微镜分别在 10×10 倍和 10×40 倍下进行观察。

2. 全草粉末的组织鉴定方法

将乌腺金丝桃全草自然阴干，用高速万能粉碎机将其粉碎，过 40 目药筛，用水或水合氯醛试液作封藏试剂，并适当加热透化做全草的粉末片，用光学显微镜分别在 10×10 倍和 10×40 倍下进行观察。

(二)显微结构特征

由于植物的内部组织构造包括细胞的形态、内含物的特征等都会随种群的不同而有所区别，而且在相同的种群之中这些特点又较为稳定，不易受到外界因素的影响，因此研究乌腺金丝桃的显微结构，可为乌腺金丝桃药材鉴别及质量控制提供理论与实验依据，在开发利用新药源等方面也具有十分重要的意义。

根、茎、叶及全草粉末在光学显微镜下的观察图如图 1-1-1～图 1-1-4。

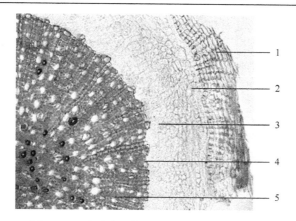

图 1-1-1　乌腺金丝桃根横切面详图（10×10）
1. 木栓层；2. 皮层；3. 韧皮部；4. 形成层；5. 木质部

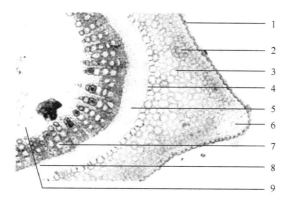

图 1-1-2　乌腺金丝桃茎横切面详图（10×10）
1. 表皮；2. 分泌道；3. 皮层；4. 内皮层；5. 韧皮部；6. 厚角组织；7. 木质部；8. 形成层；9. 髓

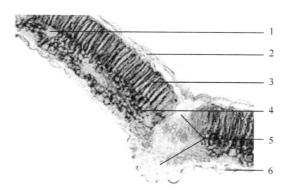

图 1-1-3　乌腺金丝桃叶横切面详图（10×10）
1. 分泌道；2. 上表皮；3. 栅栏组织；4. 海绵组织；5. 厚角组织；6. 下表皮

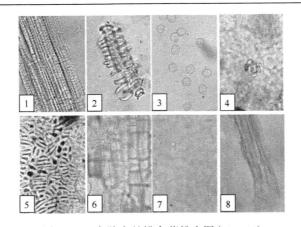

图 1-1-4　乌腺金丝桃全草粉末图(10×40)

1、2. 导管；3. 花粉粒；4. 分泌道；5. 石细胞；6. 薄壁细胞；7. 气孔；8. 纤维

1. 根的显微结构特征

如图 1-1-1 所示，根的横切面近圆柱形。木栓层为 8~10 列细胞，木栓细胞近长方形或方形，排列较整齐、致密，有棕褐色物质；维管束外韧型，木质部发达，所占比例为横切面的 1/2 以上，导管分子呈圆形或多角形，伴有木纤维；木射线明显由薄壁细胞组成；形成层环形；皮层和韧皮部界限不明显，可见分泌细胞团，韧皮射线不明显。

2. 茎的显微结构特征

如图 1-1-2 所示，茎的横切面有 2 个棱角，棱角部分有厚壁组织和厚角组织。表皮由 1 列类方形细胞组成，外壁角质化增厚；皮层 5~9 层，皮层细胞为椭圆形薄壁细胞，含有大量棕褐色物质，皮层可见分泌道，内皮层明显；韧皮部较窄；形成层明显，由 2 层或 3 层扁平细胞排列成环形；木质部由导管、木薄壁细胞和木纤维组成，导管呈放射状排列，每列 8~10 个导管，导管直径为 10~45μm，纵面观导管多为螺纹导管、具缘纹孔导管，少为网纹导管；木射线由 1~2 列薄壁细胞组成，髓由大型薄壁细胞组成，老茎多中空。

3. 叶的显微结构特征

如图 1-1-3 所示，叶为异面叶。乌腺金丝桃上下表皮细胞各由 1 列类圆形或类方形细胞组成，上下表皮外侧覆有角质层，上表皮较厚；叶肉组织的栅栏细胞 1 列，长柱状，排列整齐紧密，细胞内含有大量叶绿体；海绵细胞 3~4 列，类圆形或类椭圆形排列不规则，可见分泌道；主脉维管束外韧型，主脉上下两侧均有厚角组织。

4. 全草粉末显微特征

乌腺金丝桃全草粉末浅棕色。

如图 1-1-4 所示，分泌腔类圆形，直径 50~70μm，腔内充满油滴状物质；导管多为螺纹导管和具缘纹孔导管，少为网纹导管，直径 10～50μm；石细胞金黄色，成群存在，多为三角形和长椭圆形，排列紧密，长径为 30～110μm，短径为 20～30μm，壁厚 7～11μm；花粉粒黄色，球形或长球形，直径为 14～32μm，极面观为三裂圆形，赤道面观为长椭圆形，具三孔沟，沟两端较中部狭窄，长达两级；纤维成束存在，腔线形，直径 3～10μm；薄壁细胞类长方形，细胞壁波浪状弯曲，长径 40～127μm，短径 30～86μm；气孔为不定式或不等式，副卫细胞 3～4 个波浪状呈念珠状增厚；有油滴和色素块存在。

四、分布

金丝桃属植物 400 余种，除南北两极地或荒漠地及大部分热带低地外，世界广布，分布于我国东北、华北、华东、华中、华南、朝鲜、日本、蒙古国、俄罗斯远东地区也有。金丝桃属植物原产于欧洲和亚洲，后移植至美国。中国约有 55 种 8 亚种，几产于全国各地。该属植物多为药用植物，多产于黑龙江、吉林、辽宁、内蒙古、河北、山西、陕西、甘肃、山东、江苏、安徽、浙江、江西、河南、广东、广西(北部)。

第二节 乌腺金丝桃的生态习性

一、生活环境

乌腺金丝桃属多年生草本植物，适应性强，具有喜光、耐旱、耐寒、耐瘠薄土壤的优良特点。适宜生长于土层深厚、排水良好的沙质土壤，土壤的 pH 处在 6.7～7.0，对土壤的肥力要求不是特别严格，在一些较贫瘠的沙壤土中生长发育也比较正常。多生于山坡草地、石砾地、草丛、林内空地及林缘等处，特别是在接近山峰顶部的山坡上、山梁等处分布较多，可能与其喜光的特性有关联，分布的海拔在 1100m 以下。

二、生长发育(物候期)

植物的生长发育是一个极其复杂的过程，它在各种物质代谢的基础上，表现为种子发芽、生根、长叶、植物体长大成熟、开花、结果，最后衰老、死亡。在生物学上，生长和发育是两个不同的概念，植物生长是指生物体或某一部分细胞数目的增多，或生活物质的增加，可以用体积和重量来度量。一般情况下，伴随着细胞数目的增加，有机体的体积和重量也相应增加。而发育主要是指各种细胞、组织和器官的分化。

高等植物生长发育的特点是：由种子萌发到形成幼苗，在其生活史的各个阶段总在不断地形成新的器官，是一个开放系统；植物生长到一定阶段，光、温度等条件调控着植物由营养生长转向生殖发育；在一定外界条件刺激下，植物细胞表现出高度的全能性；固着在土壤中的植物必须对复杂的环境变化做出多种反应。

(一)乌腺金丝桃的生长规律

植物生长是一种不可逆的过程，可以表现为植物的体积、重量、细胞数目的增加，所以可以用植物体积大小、植物体的鲜重和干重、细胞数目等作为植物生长的测量指标。因此，乌腺金丝桃植株的高度、叶的数量变化及分枝的数量变化能够很好地反映其生长情况。

1. 植株高度的变化

由于乌腺金丝桃资源比较少，对其自然状态下生长发育的规律研究不多，对乌腺金丝桃在北方地区的人工繁殖情况进行研究发现，植株的生长在初期较慢，从 5 月中旬开始迅速加快，一直到 7 月上旬均呈快速生长状态，接近直线，之后生长减慢，呈现出一个平缓的生长期，整个生长曲线呈"S"形，与生物的一般生长规律相似(表 1-2-1)。使用连续 2 年的株高(H)生长平均值，建立 Verhaulst 乌腺金丝桃株高生长模型：$H=\dfrac{73.902}{1+6.526\times e^{-0.051(t-10)}}$，时间 t 为日龄(d)，拟合度 R^2=0.969 (图 1-2-1)。对实测值和预测值进行了 T 检验，该模型可以较好地预测乌腺金丝桃的株高生长规律(T=0.007，$P>0.05$)。

表 1-2-1　乌腺金丝桃植株高度变化　　　　(单位：cm)

时间	5月上旬	5月中旬	5月下旬	6月上旬	6月中旬	6月下旬	7月上旬
2011 年	9.8	13.2	14.6	20.3	45.2	53.4	63.1
2012 年	9.8	14.2	20.3	28.5	36.3	50.1	63.6
平均	9.8	13.7	17.5	24.4	40.8	51.8	63.4

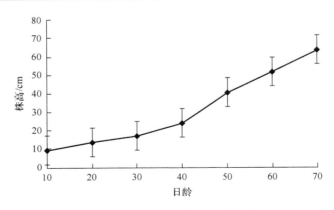

图 1-2-1　乌腺金丝桃株高的变化

从植株高度的年间变化(图 1-2-2)来看,乌腺金丝桃在生长季 4 月末至 7 月末,2011 年的乌腺金丝桃植株生长速度前期低于 2012 年,后期高于 2012 年,一直到 7 月初,基本拉齐,但两年的生长曲线形式基本一致。造成这个现象的主要原因可能是 2012 年 4 月气温一直较低,直到 7 月末才开始达到常年的水平,由此也说明,温度对乌腺金丝桃的生长有一定的影响。通过 T 检验发现差异未达到显著水平($T=1.17$,$P=0.27$),这意味着气温变化虽然在一定时期对生长速度有一定影响,但未从本质上改变乌腺金丝桃的生长形式。

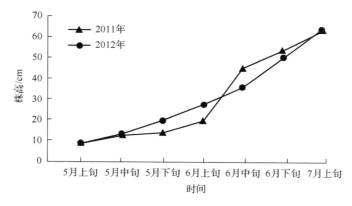

图 1-2-2　乌腺金丝桃不同年间植株高度变化

2. 植株叶的数量变化

乌腺金丝桃叶的数量变化也近似"S"形生长曲线,但其变化不如植株高度变化那样规则。其数量增加情况和植株高度变化也有些不同,基本呈现匀速的增长,只是在开花盛期的前后有些加速,可能和开花前的准备及开花期时的营养供应有关,到开花期后期也会停止变化(表 1-2-2)。使用 2 年的叶对数(L)增长平均值,建立了 Verhaulst 乌腺金丝桃叶对数的增长模型:$L=\dfrac{27.11}{1+2.48\times e^{-0.021(t-10)}}$,时间 t 为日龄(d),拟合度 $R^2=0.863$(图 1-2-3)。对实测值和预测值进行了 T 检验,该模型可以较好地预测叶对数的增长情况($T=0.016$,$P>0.05$)。

表 1-2-2　乌腺金丝桃叶的数量变化

时间	5月上旬	5月中旬	5月下旬	6月上旬	6月中旬	6月下旬	7月上旬
2011 年	6.5	8.5	9.8	9.6	14.5	16.1	16.8
2012 年	7.8	8.5	9.8	10.3	15.3	15.7	18.8
平均	7.2	8.5	9.8	10.0	14.9	15.9	17.8

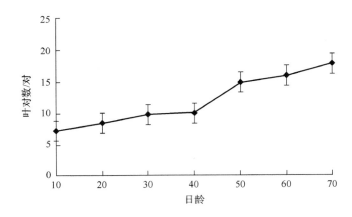

图 1-2-3 乌腺金丝桃叶对数变化

3. 植株分枝的数量变化

乌腺金丝桃分枝的出现比较晚,但其生长较快的时期和叶片是一致的,都是在开花盛期的前后,因为花的孕育是在枝上,所以花的出现和枝的出现应该是有关联的。5 月初萌发的植株无分枝。分枝出现要在 5 月下旬。种子繁殖的植株出土较晚,一般在 6 月初,当年种子繁殖植株不分枝,第二年产生分枝(表 1-2-3)。使用 2 年分枝(B)的平均值,利用 SPSS 软件的非线性回归功能,建立了 Verhaulst 乌腺金丝桃分枝生长模型:$B=\dfrac{19.922}{1+5.037\times e^{-0.066(t-30)}}$,时间 t 为日龄(d),拟合度 R^2=0.960(图 1-2-4)。对实测值和预测值进行了 T 检验,该模型可以较好地预测分枝的变化(T=0.03,$P>0.05$)。

表 1-2-3 乌腺金丝桃分枝的数量变化

时间	5月上旬	5月中旬	5月下旬	6月上旬	6月中旬	6月下旬	7月上旬
2011 年	0	0	5.4	6.3	8.7	13	16.5
2012 年	0	0	5.6	5.4	7.8	11.6	16.2
平均	0	0	5.5	5.8	8.3	12.3	16.4

另外,对株高、分枝数与叶对数的关系进行了分析,结果显示,株高与叶对数相关系数为 0.9879,两者间有极显著的相关关系,由此建立直线方程 y=0.2366x+3.9189(式中,x 为株高,y 为叶对数);株高与分枝数相关系数为 0.9814,两者间有极显著的相关关系,由此建立直线方程 y=0.2930x−2.7024(式中,x 为株高,y 为分枝数);叶对数与分枝数相关系数为 0.9481,两者间有极

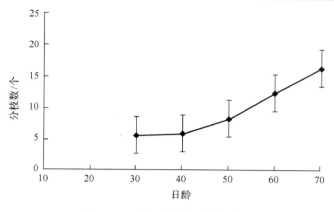

图 1-2-4 乌腺金丝桃分枝数变化

显著的相关关系,由此建立直线方程 $y=1.2100x-7.2327$(式中,x 为叶对数,y 为分枝数)。

(二)乌腺金丝桃的发育

据观察,乌腺金丝桃花蕾孕育在每年的 6 月中旬,最早见花在 6 月 15 日,6 月末开花,开花盛期在 7 月初至 7 月中旬,花期延续到 9 月初。单花存留时间约 5 天,果实出现在 7 月中旬,盛果期在 8 月初,9 月中旬果实开始成熟,一般在 10 月初蒴果开裂,散出种子。当年种子繁殖的植株不出现分枝,也不开花;第 2 年会在初萌发时即出现分株,分株中的大部分都会长出分枝并开花结果,果实也会正常成熟。

(三)乌腺金丝桃生长发育过程中的一些特例

乌腺金丝桃为多年生草本植物,种子繁殖的植株第 2 年才能开花结果。但在实际栽培试验中发现,大约有 10%的一年生幼苗可以开花,而且有些植株还可以结果,也能产生种子,但经过观察和发芽试验,这些种子全部未成熟,不能萌发。

2015~2016 年,我们还在乌腺金丝桃盛花期的 7 月进行了收割试验,以观察植株的再生能力。结果显示,收割后的植株,全部可以当年再次萌发,萌发的植株可以出现分枝,也可以开花,但一般不能结果。这些再生的植株,自然越冬后,第 2 年仍可于春季正常萌发,出现大量的分蘖,分蘖可以正常出现分枝,开花结果,得到可育的种子,这对以后规模化栽培和采收具有十分重要的意义,可以大大降低生产成本。

乌腺金丝桃一年生植株

乌腺金丝桃一年生开花植株 1

乌腺金丝桃一年生开花植株 2

乌腺金丝桃一年生开花、结果植株

乌腺金丝桃一年生结果植株

收割后的乌腺金丝桃再生植株 1

收割后的乌腺金丝桃再生植株 2

三、种群数量

在 2013~2015 年实地进行的分布和种群数量调查中发现,吉林省乌腺金丝桃植物资源日益稀少,尤其是近两年,数量急剧下降,在吉林省左家自然保护区仅发现 5 株,白山地区发现 1 株。可能是由于农民开荒、放牧和自然灾害对生长环境破坏造成的,其他原因尚需进一步研究。加强野生乌腺金丝桃资源保护、发展优质乌腺金丝桃栽培产业、提高人工栽培乌腺金丝桃药材质量,是解决资源危机与实现乌腺金丝桃资源可持续利用的有效途径。

参 考 文 献

程海涛, 刘娟, 孟令错. 2007. 两种植物花粉粒的扫描电镜观察. 佳木斯大学学报(自然科学版), 25(4): 569-570.
顾丽贞, 张宏彬. 1980. 稳心草化学成分的研究. 植物学报, 22(2): 151-154.
康廷国. 2003. 中药鉴定学. 北京: 中国中医药出版社: 30-38.
李冀, 石鑫, 高彦宇, 等. 2012a. 乌腺金丝桃抗抑郁作用的药理研究. 中医药信息, 29(2): 33-34.
李冀, 滕林, 高彦宇, 等. 2008. 乌腺金丝桃抗心律失常作用的研究. 中医药信息, 25(6): 32-33.
李冀, 滕林, 高彦宇, 等. 2009. 乌腺金丝桃提取物对小鼠心肌缺血的保护作用. 中国中医药信息杂志, 16(1): 38-39.
李冀, 吴全娥, 高彦宇, 等. 2012c. 乌腺金丝桃对抑郁症大鼠海马单胺类神经递质含量 5-HT 及 5-HIAA 的影响. 中医药信息, 29(5): 18-20.
李冀, 闫东, 毕珺辉, 等. 2012b. 乌腺金丝桃正丁醇萃取物对氯化钙诱发大鼠快速性心律失常的影响. 中医药信息, 29(4): 144-145.

毛雯雯, 万晓婧, 刘惠娟, 等. 2014. 显微鉴定在中药质量标准中的应用及进展. 世界科学技术-中医药现代化, 16(3): 538-541.

殷志琦, 王英, 张冬梅, 等. 2004. 金丝桃属植物化学成分研究进展. 中国野生植物资源, 23(1): 6-7.

苑冬敏, 康廷国. 2004. 中药显微鉴定研究方法探析. 辽宁中医学院学报, 6(1): 67-68

张克勤, 薛晓丽, 孔令瑶, 等. 2011. 长柱金丝桃中金丝桃素的含量变化. 中国药学杂志, 46(3): 174-176.

第二章 乌腺金丝桃的遗传物质及遗传多样性

乌腺金丝桃的遗传物质即脱氧核糖核酸(DNA)。DNA 是生物遗传信息的载体,基因是具有特定生物功能的 DNA 序列,控制着生物的性状遗传。植物中 DNA 的有效提取,是进行 PCR 扩增、分子杂交、限制性酶切等分子生物学研究的前提和基础,也是最关键的一步。

核糖核酸(RNA)是遗传信息的传递者,参与遗传信息表达的全过程。高品质的 RNA 是基因克隆、构建 cDNA 文库和 Northern 杂交等分子生物学研究的基础。

第一节 DNA、RNA 的提取与检测

一、提取与检测方法

(一)样品选取

从健壮、无病虫害的乌腺金丝桃植株上采取新鲜幼嫩的叶片。取材后保存于液氮中备用。

(二)仪器设备和药品试剂

1. 仪器设备

移液器(德国 Eppendorf),1-14K 冷冻高速离心机(美国 sigma),3-18K 台式高速离心机(美国 Sigma),超净工作台(BCM-1800A,浙江苏净净化设备有限公司),高压灭菌锅(YXQ-LS-50A,上海博迅实业有限公司医疗设备厂),冰箱(BCD-216SCM,海尔集团),Bio-Cane34 液氮罐(美国 Thermo),水浴锅(HH-6,上海梅香),微波炉(P70F23P-G5,格兰仕),电泳仪(JY300,赛恩斯仪器设备有限公司),电泳槽(JY-SPFT,赛恩斯仪器设备有限公司),BioPhotometer plus 核酸蛋白检测仪(德国 Eppendorf),VersaDoc Model 4000 凝胶成像系统(美国 Bio-Rad),陶瓷研钵,2.0ml 和 1.5ml 离心管等。

2. 药品试剂与溶液配制

1)药品试剂

2×CTAB 提取缓冲液,Tris-HCl,聚乙烯吡咯烷酮(PVP),氯仿-异戊醇(24∶1),异丙醇,70%乙醇,含 RNase 的 TE 溶液,β-巯基乙醇,NaCl,TE 溶液,琼脂糖,TAE 电泳缓冲液,凝胶加样缓冲液,溴化乙锭(EB),DNA 分子质量标准等。

2) 主要溶液配制

①2×CTAB 提取缓冲液(pH 8.0)：2%(m/V) CTAB，1.4mol/L NaCl，20mmol/L EDTA，100mmol/L Tris-HCl。称取 CTAB 2g，加双蒸水 40ml，再加 1mol/L Tris-HCl(pH 8.0) 10ml、0.5mol/L EDTA(pH 8.0) 4ml 和 5mol/L NaCl 28ml，待 CTAB 溶解后用双蒸水定容至 100ml，高压灭菌 20min。用之前加 4%(m/V) PVP、0.5%(V/V) β-巯基乙醇。②5mol/L NaCl：称取 292.2g NaCl，用双蒸水定容至 1000ml，高压灭菌备用。③1mol/L Tris-HCl(pH 8.0)：在 800ml 水中溶解 121g Tris 碱，用浓 HCl 调节 pH 至 8.0(约 42ml HCl)，然后加水定容至 1000ml，高压灭菌 20min。④0.5mol/L EDTA(pH 8.0)：在 400ml 水中加入 90.05g 二水乙二胺四乙酸二钠(EDTANa$_2$•2H$_2$O)，搅拌溶解，用 NaOH 调 pH 至 8.0(约 10g NaOH 颗粒)，定容至 500ml，高压灭菌 20min。⑤氯仿-异戊醇(24∶1)：先加 96ml 氯仿，再加 4ml 异戊醇，摇匀即可。⑥TE 溶液(10mmol/L Tris-HCl，pH 8.0；1mmol/L EDTA，pH 8.0)：取 Tris-HCl(pH 8.0) 1ml，EDTA(pH 8.0) 0.2ml，用双蒸水定容至 100ml，高压灭菌 20min，4℃保存。⑦50×TAE 母液的配制：242g Tris 碱，57.1ml 冰醋酸，100ml 0.5mol/L EDTA(pH 8.0)，用双蒸水定容至 1000ml。⑧1×TAE 电泳缓冲液的配制：取 50×TAE 10ml，再加入 490ml 双蒸水，定容至 500ml。

(三) 提取方法

1. DNA 的提取方法

DNA 的提取通常采用机械研磨的方法破碎植物组织和细胞，在液氮中研磨最常用，材料易于破碎，还可以减少研磨过程中各种酶类的作用。然后采用十六烷基三甲基溴化铵(CTAB)、十二烷基硫酸钠(SDS)、十二烷基肌酸钠等离子型表面活性剂溶解细胞膜与核膜蛋白，使核蛋白解聚，从而使 DNA 游离出来。由于植物细胞匀浆含有多种酶类(尤其是氧化酶类)，对 DNA 的抽提产生不利影响，在抽提缓冲液中需加入抗氧化剂或强还原剂(如巯基乙醇)来降低这些酶类的活性。再加入苯酚和氯仿等有机溶剂，使蛋白质变性，从而使抽提液分相，由于 DNA 水溶性很强，将混合物离心后即可将抽提液中的细胞碎片和大部分蛋白质除去。上清液中加入无水乙醇使 DNA 沉淀。沉淀 DNA 溶于 TE 溶液中，即得植物总 DNA 溶液。

关于乌腺金丝桃 DNA 提取的研究较少，作者通过实验比较了改良的 CTAB 法、SDS 法及植物基因组 DNA 抽提试剂盒法提取乌腺金丝桃 DNA 的效果，结果表明，CTAB 法提取效果最好，DNA 产量与质量均较高。用改良的 CTAB 法提取乌腺金丝桃总 DNA 的步骤如下。①取 0.5g 左右的乌腺金丝桃叶片组织放入液氮预冷的研钵中，加入液氮后研磨至粉末，转移到离心管中。②加入 500μl 的 2×CTAB(60℃预热)，颠倒混合均匀后在 60℃水浴 0.5～1h，其间要上下颠倒混匀数次。③取出离心管，加入等体积的氯仿-异戊醇(24∶1)，上下颠倒充分混合。④12 000r/min

离心5～10min。离心后溶液分三层：上层为水相、中层为碎片和蛋白质相、底层为氯仿。将离心管动作轻缓地从转子中取出，放置于离心管架上，迅速进入下一步，以免各相混合。若此步骤所得中间层较厚，则继续加入等体积的氯仿-异戊醇（24∶1），再抽提一次，直至中间层较薄。⑤用移液枪吸取管中上层水相，动作一定要轻缓，不可搅动其他两层。此步骤要宁少不贪多，尽量避免吸取到下层液体。⑥在抽提出的水相中加入等体积的异丙醇(4℃预冷)，轻轻晃动混合均匀，在-20℃沉淀120min。⑦12 000r/min 离心5～10min，弃上清液，倒置于吸水纸上数分钟，加入700μl 70%的乙醇，上下颠倒数次，洗涤沉淀。12 000r/min 离心5～10min，弃上清液，倒置于吸水纸上数分钟。重复一遍，最后置于超净工作台中吹干。⑧在离心管中加入40μl的灭菌去离子水或者TE溶液，4℃放置数小时，使其充分溶解。⑨-70～-20℃低温保存。

2. RNA 的提取方法

细胞总 RNA 的提取就是破碎细胞，释放细胞质中的 RNA，同时去除 DNA、糖类、脂类和蛋白质等杂质的过程。常见的植物总 RNA 提取方法有 Trizol 试剂法、CTAB 法、苯酚法、异硫氰酸胍法和热硼酸盐法等。

不同植物甚至同一植物的不同组织都有各自的化学组成和结构特点，有的植物多糖、多酚类等次生代谢产物含量高，有的植物细胞壁厚，有的木质化程度高，因此不能用一个固定的方法提取所有植物的 RNA，对于某一固定的植物或组织，其总 RNA 的提取方法必须经过摸索和实践才能确立。乌腺金丝桃含有丰富的山柰酚、槲皮素等多酚类物质和一些未知的次生代谢产物，这些物质很容易在 RNA 提取过程中与 RNA 发生共沉淀，从而影响后续的分子生物学研究，针对这一特点，结合前人的研究成果，本实验首次采用 Trizol 试剂法、CTAB 法、改良的 CTAB 法、异硫氰酸胍法和改良的异硫氰酸胍法提取乌腺金丝桃叶片的总 RNA。

1) Trizol 试剂法

称取 0.1g 乌腺金丝桃叶片于液氮中研磨成粉末，迅速移入装有 1ml Trizol 的离心管中，迅速混匀，室温放置 5min，加入 200μl 氯仿∶异戊醇（体积比 24∶1），剧烈振荡混匀 30s，4℃、12 000r/min 离心 5min，吸取上清液，加入等体积的异丙醇，混匀，室温下放置 5min，4℃、12 000r/min 离心 5min，弃上清液，用 70%乙醇洗涤沉淀，30μl 焦碳酸二乙酯（DEPC）水溶解 RNA 沉淀，-70℃保存。

2) CTAB 法

参考李晓颖等的操作，具体步骤如下：称取乌腺金丝桃叶片 0.1g，向充分研磨的粉末中加入 1.2ml 65℃提前预热的 CTAB 缓冲液，剧烈摇动，充分混匀，65℃条件下水浴 20min，期间颠倒混匀 3～4 次，4℃、12 000r/min 离心 10min，吸取上清液，加入等体积水饱和酚∶氯仿∶异戊醇（体积比 25∶24∶1），颠倒混匀，冰上放置 10min，4℃、12 000r/min 离心 10min，吸取上清液，每管加入 1/20 体积 4mol/L 乙酸钾（pH=5.5），1/10 体积-20℃预冷的无水乙醇，颠倒混匀，加入等体积氯仿：异戊醇(体积比为 24∶1)，颠倒混匀，冰上放置 10min，4℃、12 000r/min 离心 10min，取上清液，加入 1/3 体积的 8mol/L 氯化锂(终浓度为 2mol/L)，4℃ 放置 6h，12 000r/min 离心 10min，弃上清液，进行 2 次氯化锂沉淀操作，70%乙醇洗涤沉淀 2 次，30μl DEPC 水溶解 RNA 沉淀，-70℃保存。

3) 改良的 CTAB 法

该法将 CTAB 的裂解缓冲液成分改为 3% CTAB、3%PVP、3% β-巯基乙醇，其他成分及配比浓度不变，操作步骤同"2)CTAB 法"。

4) 异硫氰酸胍法

参考王燕等的操作，具体步骤为：称取 0.1g 新鲜乌腺金丝桃叶片在液氮中研磨成粉末，加入 0.5ml RNA 提取液、50μl 2mol/L 乙酸钠(pH 4.0)继续研磨，移入离心管后加等体积的水饱和酚，1/10 体积的氯仿：异戊醇(体积比为 49∶1)，振荡 15s，冰上放置 10min，4℃、12 000r/min 离心 15min，然后取上清液，加入等体积的水饱和酚：氯仿：异戊醇(体积比 50∶49∶1)，同上操作重新抽提 1 次，4℃、12 000r/min 离心 15min，取上清液，加入约 1 倍体积的异丙醇，-20℃放置 1h 后，4℃、12 000r/min 离心 15min，弃上清液，用 1ml DEPC 水溶解沉淀，加入等体积水饱和酚：氯仿：异戊醇(体积比 50∶49∶1)，混匀，4℃、12 000r/min 离心 15min，取上清液，用等体积氯仿：异戊醇(体积比 49∶1)抽提 2 次，取上清液，加入 1/10 体积的 3mol/L 乙酸钠(pH 5.2)和 3 倍体积的无水乙醇，混匀，-20℃放置过夜，4℃、12 000r/min 离心 15min，弃上清液，70%乙醇洗 2 次，30μl DEPC 水溶解 RNA 沉淀，-70℃保存。

5) 改良的异硫氰酸胍法

称取 0.1g 新鲜乌腺金丝桃叶片在液氮中研磨成粉末，加入 5ml 2×RNA 提取液，继续研磨，移入离心管后加入等体积的水饱和酚：氯仿：异戊醇(体积比 50∶49∶1)、1/10 体积 2mol/L 乙酸钠(pH 4.0)，振荡 15s，冰上放置 10min，以下操作同"4)异硫氰酸胍法"。

(四)检测方法

1. DNA 检测方法

1) 核酸蛋白检测仪检测

①开机预热 10min。设定 DNA 测定程序，仪器自动选择 230nm、260nm、280nm 波长进行测定。选择待测样品的稀释比例，本试验设定 50 倍稀释，即 DNA 2μl 用 TE 缓冲液稀释至 100μl。②用双蒸水洗涤比色皿，吸水纸吸干，加入 TE 缓冲液后，放入样品室架上，关上盖板。③按下空白检测键，3s 后仪器显示数据为 0。④把稀释好的待测样品的比色皿放进样品室架上，关闭盖板。⑤按下样品检测键，3s 后在仪器显示屏上读取数据，数据显示分别为 230nm 波长下检测的数值、260nm 波长下检测的数值、280nm 波长下检测的数值，OD_{260}/OD_{280} 及待测样品中 DNA

的浓度。⑥记录待测样品的 OD_{260}/OD_{280} 值和浓度值。⑦DNA 样品的浓度（μg/μl）为：OD_{260}×稀释倍数×50/1000。⑧纯 DNA OD_{260}/OD_{280}≈1.8（＞1.9，表明有 RNA 污染；＜1.6，表明有蛋白质、酚等污染）。

2）琼脂糖凝胶电泳检测

①安装电泳槽：将有机玻璃的电泳凝胶床洗净，晾干，用胶带将两端的开口封好，放在水平的工作台上，插上样品梳。②琼脂糖凝胶的制备。1%琼脂糖：称取1g琼脂糖，加入100ml的1×TAE电泳缓冲液中，微波炉加热至完全溶化（不要加热至沸腾），取出摇匀。③灌胶：将冷却到60℃的琼脂糖溶液轻轻倒入电泳槽水平板上，加入2μl EB（EB是致癌剂，操作时要小心，必须戴手套）。待琼脂糖胶凝固后，在电泳槽内加入电泳缓冲液，然后拔出梳子。④加样：将 DNA 样品与5×加样缓冲液按4:1混匀后，用微量移液器将混合液加入样品槽中，每槽加10～20μl，记录样品的点样次序和加样量。⑤电泳：安装好电极导线，点样孔一端接负极，另一端接正极。⑥打开电源，调电压至100V，电泳时间为25～30min，即当溴酚蓝移到距凝胶前沿1～2cm时，停止电泳。⑦观察：取出凝胶，放入凝胶成像系统中，在254nm的紫外灯下观察，有橙红色荧光条带的位置，即为 DNA 条带。

2. 总 RNA 的质量及完整性检测

1）总 RNA 浓度及纯度检测

以 DEPC 水为空白对照，利用 BioSpec-nano 型可见分光光度计分别测定 RNA 样品的 OD_{230}、OD_{260}、OD_{280} 及 RNA 浓度。

2）琼脂糖凝胶电泳检测

吸取5μl RNA 样品在1%非变性琼脂糖凝胶上进行电泳，条件为100V 恒压电泳25min，在凝胶成像系统中成像并观察 RNA 条带的完整性。

二、结果与分析

（一）DNA 的检测结果

结果如表2-1-1、图2-1-1所示，DNA 经核酸蛋白测定仪检测后，改良 CTAB 法提取同等质量的乌腺金丝桃获得 DNA 的 OD_{260}/OD_{280} 值平均数为1.79，浓度为0.703mg/ml，收率为56.24μg/g，优于其他两种提取方法。

表2-1-1 提取乌腺金丝桃 DNA 纯度及收率结果

DNA 提取方法	OD_{260}/OD_{280}	浓度/(mg/ml)	DNA 收率/(μg/g)
改良 CTAB 法	1.79	0.703	56.24
SDS 法	1.72	0.642	51.36
试剂盒法	1.40	0.069	5.52

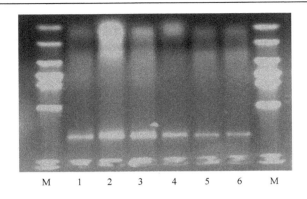

图 2-1-1 DNA 琼脂糖电泳结果

图中泳道 1、3、5 为乌腺金丝桃样本，2、4、6 为长柱金丝桃样本；
1、2 泳道样本提取方法为 SDS 法，3、4 泳道样本提取方法为改良 CTAB 法，
5、6 泳道样本提取方法为试剂盒法

(二) RNA 的检测结果

1. 不同提取方法对乌腺金丝桃叶片总 RNA 浓度及纯度的影响

核酸的吸收峰在 260nm 处，蛋白质和多糖的吸收峰则分别在 280nm 和 230nm 处，研究证明，高纯度 RNA 的 OD_{260}/OD_{280} 应该在 1.8~2.0，如果比值大于 2.0，可能有异硫氰酸胍残存或者 RNA 被降解成单核苷酸，如果比值小于 1.8，说明有蛋白质和酚类物质的污染。高纯度 RNA 的 OD_{260}/OD_{230} 应该大于 2.0，值小于 2.0，可能是有异硫氰酸胍和 β-巯基乙醇残留。

由表 2-1-2 可知，只有异硫氰酸胍法提取 RNA 的 OD_{260}/OD_{280} 小于 1.8，说明该法提取 RNA 有少量蛋白质或酚类污染，其他 4 种方法 OD_{260}/OD_{280} 均大于 1.8，提取的 RNA 纯度均比较高，其中改良的 CTAB 法 $OD_{260}/OD_{280}=1.98$，RNA 纯度最高。异硫氰酸胍法和改良的异硫氰酸胍法提取 RNA 的 OD_{260}/OD_{230} 均小于 2.0，说明有少量的异硫氰酸胍和(或)β-巯基乙醇污染，其他 3 种方法 OD_{260}/OD_{230} 值较理想。5 种方法提取的 RNA 浓度差异显著，依次为：改良的 CTAB 法＞Trizol 试剂法＞CTAB 法＞改良的异硫氰酸胍法＞异硫氰酸胍法。

表 2-1-2 不同方法提取乌腺金丝桃叶片总 RNA 浓度及纯度的比较

提取方法	OD_{260}/OD_{280}	OD_{260}/OD_{230}	RNA 浓度/(μg/ml)
Trizol 试剂法	1.86	2.20	519
CTAB 法	1.83	2.12	351
改良的 CTAB 法	1.98	2.29	561
异硫氰酸胍法	1.78	1.87	98
改良的异硫氰酸胍法	1.82	1.95	282

2. 不同提取方法对乌腺金丝桃总 RNA 完整性的影响

琼脂糖凝胶电泳也是检测 RNA 质量的重要手段，它可以通过 RNA 条带的完整性及条带的强弱来判断 RNA 的品质。图 2-1-2 为 5 种方法提取的 RNA 非变性凝胶电泳图，可以看出，除了异硫氰酸胍法提取的 RNA 样品电泳后仅能看见 28S rRNA 和 18S rRNA 外，其他 4 种方法提取的 RNA 样品电泳后均能看见 28S rRNA、18S rRNA 和 5S rRNA 条带，但条带的完整性及强弱明显不同。Trizol 试剂法提取的 RNA 样品电泳条带有轻微拖尾现象，28S rRNA 和 18S rRNA 条带强弱相近，说明 RNA 样品部分降解。CTAB 法提取的 RNA 样品 28S rRNA 和 18S rRNA 条带强弱相近，且条带较弱，RNA 样品有降解，同时有少量的蛋白质和 DNA 污染。改良的 CTAB 法 28S rRNA、18S rRNA 和 5S rRNA 条带清晰，其中 28S rRNA 条带强度为 18S rRNA 的 1.5~2.0 倍，RNA 无降解，基本无污染。利用异硫氰酸胍法和改良的异硫氰酸胍法提取的 RNA 样品条带较弱，存在拖尾现象，说明 RNA 降解较为严重。综上，改良的 CTAB 法是乌腺金丝桃叶片总 RNA 提取的最佳方法。

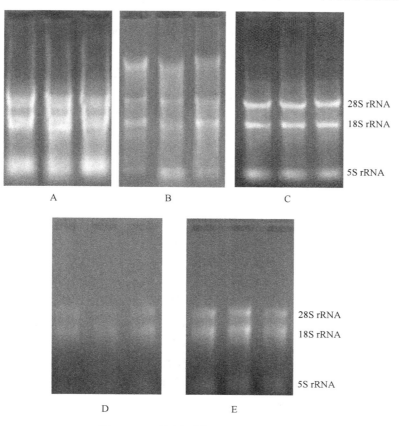

图 2-1-2 不同方法提取 RNA 电泳图

A. Trizol 试剂法；B. CTAB 法；C. 改良的 CTAB 法；D. 异硫氰酸胍法；E. 改良的异硫氰酸胍法

3. 讨论

植物组织 RNA 的提取比较困难，原因主要有三个：一是植物体内富含酚类、多糖和蛋白质等多种次生代谢产物，这些代谢产物会不同程度地影响 RNA 的提取，如酚类物质氧化后可使 RNA 活性丧失，多糖可形成难溶性的胶状物质与 RNA 一起被沉淀等；二是植物细胞有一层厚厚的细胞壁，细胞充分裂解释放 RNA 相对困难；三是 RNA 酶(RNase)对 RNA 的降解，细胞内含有大量的 RNase，提取过程中所用的工具、器皿等上的 RNase 也很难彻底去除，同时 RNase 非常稳定，因此如何避免释放的 RNA 不被 RNase 降解就成了 RNA 提取的关键。目前，常见的植物组织 RNA 提取方法有 Trizol 试剂法、CTAB 法、热硼酸盐法、异硫氰酸胍法和 SDS 法等，这些方法在多数植物中均能提取出 RNA，但所提 RNA 的得率及纯度有很大差异，这主要是由植物体内所含次生代谢产物不同及不同组织器官间的差异性导致的，因此，不同植物甚至同一植物的不同组织其 RNA 提取的适宜方法并不相同。

本试验首先采用 Trizol 试剂法、CTAB 法和异硫氰酸胍法 3 种常规方法提取乌腺金丝桃叶片总 RNA，根据提取 RNA 的纯度、浓度和完整性特点，对后两种方法进行有针对性的改良。通过多次试验发现，除异硫氰酸胍法没有提取出 5S rRNA 外，其余 4 种方法均提取出了 28S rRNA、18S rRNA 和 5S rRNA，但提取效果相差甚远。Trizol 试剂法简单快捷，RNA 得率较高，但 RNA 已经轻微降解，并且成本昂贵。异硫氰酸胍法是 5 种方法中 RNA 得率最低、降解最严重的一种，改良的异硫氰酸胍法将 RNA 提取液的浓度增加了 1 倍，目的是使细胞充分裂解，增加 β-巯基乙醇浓度避免或减少多酚类物质的氧化，第一步抽提时将等体积的水饱和酚和 1/10 体积的氯仿：异戊醇(49：1)改为等体积的水饱和酚：氯仿：异戊醇(50：49：1)，增加氯仿：异戊醇(49：1)的用量来使蛋白质充分变性，增加 RNA 的得率，结果表明，RNA 得率确实有所提高，但是条带存在拖尾现象，RNA 仍有降解，说明该法不适合乌腺金丝桃叶片总 RNA 的提取。CTAB 法提取的 RNA 三条带清晰，但得率较低，RNA 有降解，有蛋白质和 DNA 污染，考虑到多酚类物质在 RNA 提取过程中极易被氧化成醌类物质，后者与蛋白质或核酸结合后，可使 RNA 降解或失活，聚乙烯吡咯烷酮(PVP)能与多酚类物质形成复合体，β-巯基乙醇是一种还原剂，它们都可以避免多酚类物质的氧化及其与 RNA 的结合，而高浓度 CTAB 不仅有利于植物细胞裂解，还能有效分离核蛋白与核酸的复合物，因此改良的 CTAB 法将传统 CTAB 法中 2%的 CTAB、PVP 和 β-巯基乙醇浓度均增加到 3%，其余操作不变，在 RNA 提取中 RNA 得率高，条带清晰，基本无降解，无污染，能够满足基因克隆等后续的分子生物学研究，适合乌腺金丝桃叶片总 RNA 的提取。

第二节 乌腺金丝桃及同属植物的 RAPD 反应体系优化研究

随机扩增多态性 DNA(random amplified polymorphic DNA，RAPD)是一项特殊的 PCR 技术。该技术的基本过程是以一系列不同的随机排列碱基顺序的寡聚核苷酸单链(通常为 10 聚体)为引物，对所研究基因组 DNA 进行 PCR 扩增。扩增产物 DNA 片段的多态性反映了基因组相应区域的 DNA 多态性。RAPD 采用的一系列引物的 DNA 序列各不相同，但任一特异的引物与基因组 DNA 序列都有特异的结合位点。这些特异的结合位点在基因组某些区域内的分布如符合 PCR 扩增的条件，即引物在模板的两条链上具有互补位置，相距长度合适，就可扩增出 DNA 片段。基因组该区域内的 DNA 序列改变，如插入、缺失或碱基突变就可能导致 PCR 产物长度的改变。通过电泳检测即可检出基因组 DNA 的 RAPD 多态性。由于一个引物只能检测出基因组的部分区域 DNA 多态性，因此，对全基因组分析需要大量不同的 RAPD 引物，以便使检测区域覆盖整个基因组。

一、准备基因组 DNA

分别制备乌腺金丝桃及其同属植物长柱金丝桃的基因组 DNA。

二、仪器设备和药品试剂

1. 仪器设备

PCR 仪(K960-D)，移液器(德国 Eppendorf)，1-14K 冷冻高速离心机(美国 Sigma)，超净工作台(BCM-1800A，浙江苏净净化设备有限公司)，高压灭菌锅(YXQ-LS-50A，上海博迅实业有限公司医疗设备厂)，冰箱(BCD-216SCM，海尔集团)，Bio-Cane34 液氮罐(美国 Thermo)，微波炉(P70F23P-G5，格兰仕)，电泳仪(JY300，赛恩斯仪器设备有限公司)，电泳槽(JY-SPFT，赛恩斯仪器设备有限公司)，VersaDoc Model 4000 凝胶成像系统(美国 Bio-Rad)，PCR 管等。

2. 药品试剂

随机引物(10mer)(5μmol/L)，*Taq* 酶(5U/μl)及其反应缓冲液，$MgCl_2$(25mmol/L)，dNTP(各 2.5mmol/L)，甘油。

三、试验方法

1. 随机引物的筛选

从样本中选出具有代表性的且总 DNA 质量相对较好的样品，进行 PCR 扩增，对随机引物(10mer)进行筛选，选择稳定、能扩增出具有多态性条带的有效引物。

2. 反应体系

取一支灭菌的 200μl PCR 管，反应体系为 25μl。分别加入下列试剂，然后轻弹混匀，短暂高速离心，覆盖一滴灭菌甘油，置冰上。试剂添加见表 2-2-1。

表 2-2-1　PCR 体系

试剂	用量
模板 DNA	1μl（约 50ng）
随机引物	1μl（约 5pmol）
10×PCR Buffer	2.5μl
$MgCl_2$（25mmol/L）	2μl
dNTP（2.5mmol/L）	2μl
Taq 酶	1U
ddH_2O	至 25μl

3. PCR 扩增程序

将反应体系加完试剂后的 PCR 管放入 PCR 仪，按照表 2-2-2 中的程序进行反应。反应结束后，取出 PCR 管，4℃保存。

表 2-2-2　PCR 扩增程序

步骤	时间
1. 预变性 94℃	2min
2. 进入扩增反应	
1）变性 94℃	1min
2）退火 36℃	60s
3）延伸 72℃	60s
步骤 1）、2）和 3），反应 40 个循环	
循环结束后继续延伸	
3. 72℃延伸	10min
4. 4℃保温	∞

4. PCR 产物鉴定与记录

1) 配制琼脂糖，制备电泳凝胶

称取 1g 琼脂糖，加入 100ml 的 1×TAE 电泳缓冲液中，配制成 1%琼脂糖，微波炉加热至完全溶化（不要加热至沸腾），取出摇匀。冷却到 60℃左右，将琼脂糖溶液缓缓倒入电泳槽水平板上，加入 2μl EB，用带枪头的移液枪混匀，插入梳子。

2) 加入适量电泳液

待琼脂糖胶凝固后，在电泳槽内加入适量的 1×TAE 电泳缓冲液（没过凝胶 2～

3mm），然后轻轻地按垂直方向拔出梳子。

3）加样

取出 PCR 管中液体与 5×加样缓冲液按 4∶1 混匀后，用微量移液器将混合液加入样品槽中，每槽加入量以不溢出槽外为宜，每个样品槽中加入量应相等，记录样品的点样次序和加样量，以 DGL 2000 为 DNA 分子质量标准。

4）电泳

安装电泳槽，连接电泳装置，打开电源，调电压至 100V，电泳 25～30min，当溴酚蓝移到距凝胶前沿 1～2cm 时，停止电泳。

5）结果观察

取出电泳后的凝胶，放入凝胶成像系统中，在 254nm 的紫外灯下观察，微调仪器使观察的电泳图片中条带清晰可见，选择对比度较为清晰的电泳图进行拍照，并保存。

四、试验结果

RAPD 结果如图 2-2-1 所示，3 个引物（引物 1：5′-AGGCCCGATC-3′；引物 2：5′-TCGCATCCCT-3′；引物 3：5′-CAGCACCGCA-3′）可作为乌腺金丝桃、长柱金丝桃的高特异性引物，用这 3 个引物对乌腺金丝桃和长柱金丝桃样品 DNA 进行 PCR 扩增，可以准确鉴别。图谱表明，两种植物均在 1200bp 左右有相同长度条带，同时也有不同的条带出现，说明其在遗传上既具有相似性，又存在差异，根据这些差异可以有效鉴别金丝桃属两种近缘植物乌腺金丝桃及长柱金丝桃。例如，应用引物 1，乌腺金丝桃在 2000bp 左右有一 DNA 谱带出现，而长柱金丝桃此条带缺失，该条带的有无可以有效鉴别这两种近缘植物。

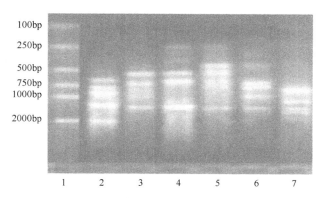

图 2-2-1　乌腺金丝桃、长柱金丝桃 RAPD 指纹图谱

泳道 1：M；泳道 2：引物 1 乌腺金丝桃；泳道 3：引物 1 长柱金丝桃；
泳道 4：引物 2 乌腺金丝桃；泳道 5：引物 2 长柱金丝桃；
泳道 6：引物 3 乌腺金丝桃；泳道 7：引物 3 长柱金丝桃

第三节 乌腺金丝桃 ISSR 反应体系构建及遗传多样性分析

DNA 分子标记(DNA molecular marker)是以生物个体或种群之间基因组序列变异为基础的遗传标记,它能反映出个体或种群之间某种差异的特异 DNA 片段,也称 DNA 指纹图谱。DNA 分子标记是继形态标记、细胞标记和生化标记之后发展起来的一种更为理想的遗传标记形式,它可以直接在 DNA 分子上检测生物体之间的差异,是在 DNA 水平上对遗传变异的直接反映。与传统的遗传标记相比,DNA 分子标记可以弥补和克服在形态学鉴定及同工酶、蛋白质电泳鉴定中的许多缺陷和难题,具有许多独特的优点:①不受检测部位、发育阶段及基因表达情况的影响,检测对象可以是生物体任意发育阶段的任何组织、器官和细胞,不受环境及基因表达与否的限制;②标记数量多、范围广,遍及整个基因组;③提取的基因组可以在冰箱中长期保存;④操作技术简单、快捷。DNA 分子标记技术已经被公认为研究生物体间遗传差异的理想手段。

自 1980 年 Botstein 等首次应用限制性片段长度多态性(restriction fragment length polymorphism, RFLP)标记进行遗传作图起, DNA 分子标记技术便引起了科研工作者的强烈兴趣,在经历几十年的发展后,DNA 分子标记技术已趋于成熟,目前已经发展出几十种类型,广泛应用的分子标记主要包括 3 类:①以 Southern 杂交为技术核心的分子标记,典型代表就是 RFLP;②以 PCR 扩增为技术核心的分子标记,主要包括扩增片段长度多态性(amplified fragment length polymorphism, AFLP)、随机扩增多态性 DNA(random amplified polymorphic DNA, RAPD)、内部简单重复序列多态性(inter-simple sequence repeat, ISSR)、序列标签位点(sequence-tagged site, STS)、单链构象多态性(single strand conformation polymorphism, SSCP)、微卫星 DNA(simple sequence repeat, SSR)、序列特征化扩增区域(sequence characterized amplified region, SCAR)、相关序列扩增多态性(sequence related amplified polymorphism, SRAP)、靶位区域扩增多态性(target region amplified polymorphism, TRAP)等,它们是目前最常用的分子标记技术;③以测序和 DNA 芯片分析为技术核心的分子标记,主要包括单核苷酸多态性(single nucleotide polymorphism, SNP)等。

每种 DNA 分子标记技术都有各自的特点及适用范围,本实验采用的 ISSR 分子标记技术是由加拿大蒙特利尔大学 Zietkiewicz 等于 1994 年在 SSR 技术的基础上发明的,其核心技术是 PCR,所用引物为锚定微卫星 DNA(microsatellite DNA),微卫星 DNA 也称简单重复序列(simple repeat sequence, SRS 或 SSR),它富含 A-T 碱基,长度一般为 1~6 个核苷酸,锚定微卫星 DNA 是在 SSR 序列的 3′端或 5′端加上 2~4 个碱基,PCR 扩增时,可以与基因组中多处互补的序列退火,PCR 扩增的片段是基因组中与锚定引物退火且间隔不远的 DNA 片段,也就是 SSR 之间的序列,扩增产物经聚丙烯酰胺凝胶电泳或琼脂糖凝胶电泳和放射自显影后,可以根据扩增条带的数量、位置来判断不同生物体间 DNA 片段差异,即遗传多样性。SSR 序列在生物体中变异速度快,同时又广泛存在于基因组中,因而 ISSR 分子标记技术很容易检测到基因组许多位点的差异。ISSR 分子标记技术结合了 RAPD 技术优点,同时克服了 SSR 和 RAPD 等标记技术的某些缺点,具有操作简单、检测快速、灵敏度高、特异性强、成本低、实验重复性强等优点,现已被广泛应用于物种遗传多样性研究、亲缘关系鉴定、种质鉴定、遗传图谱构建及辅助遗传育种等研究领域中。

一、试验材料

共采集 14 份材料,分别是吉林省白山市抚松县露水河镇 2 个单株(BS1、BS2)、吉林省左家自然保护区 5 个单株(ZJ1、ZJ2、ZJ3、ZJ4、ZJ5)、吉林农业科技学院校园 5 个单株(NY1、NY2、NY3、NY4、NY5)、黑龙江省海林市 2 个单株(HL1、HL2),其中 NY 是从左家自然保护区移栽到吉林农业科技学院校园里生长 5 年的植株,供试材料生境见表 2-3-1。

表 2-3-1 乌腺金丝桃样品信息表

种群	经度	纬度	海拔/m	生境
吉林省白山市抚松县露水河镇(BS)	127°47′1.08″E	42°31′0.05″N	735	草坡
吉林省左家自然保护区(ZJ)	126°06′11.54″E	44°02′56.68″N	340	山坡、林缘
吉林农业科技学院校园(NY)	126°28′25.86″E	43°57′10.89″N	226	平原
黑龙江省海林市(HL)	132°55′47.86″E	45°45′38.00″N	78	草坡

二、试验方法

1. 乌腺金丝桃基因组 DNA 的提取

采用北京艾来德生物科技有限公司的新型植物基因组 DNA 快速提取试剂盒提取乌腺金丝桃基因组 DNA,用 1%琼脂糖凝胶检测 DNA 的完整性,用超微量紫外-可见分光光度计分析 DNA 的浓度和纯度,将基因组 DNA 浓度调至 20ng/μl,保存于-20℃冰箱中备用。

2. ISSR-PCR 反应体系的建立与优化

为确定乌腺金丝桃 ISSR-PCR 的最佳反应体系,对影响反应体系的 5 个重要因素(Taq DNA 聚合酶、dNTP、Mg^{2+}、引物和模板 DNA 浓度)按照 $L_{16}(4^5)$ 进行 5 因素 4 水平试验(表 2-3-2)。以 NY1 基因组为模板,以 UNC836 为引物,采用 20μl 的 ISSR-PCR 反应体系,体系中除含有考察的 5 个组分外,还含有 1×PCR Buffer,其余由 ddH₂O 补充。反应程序为:94℃预变性 5min;94℃变性 1min,49.2~53.6℃(不同引物退火温度不同,见表 2-3-2)退火 45s,72℃延伸 2min,42 个循环;72℃

再延伸 10min；4℃保温。PCR 产物在 1.5%琼脂糖凝胶上进行电泳检测，电压为 3V/cm，电泳后在凝胶成像系统观察扩增条带，根据条带强弱、数量及清晰度寻找最佳反应条件。

表 2-3-2　ISSR-PCR 正交试验设计表

因素组合	Taq DNA 聚合酶 /(U/20μl)	dNTP /(mmol/L)	Mg^{2+} /(mmol/L)	引物 /(μmol/L)	DNA 模板 /(ng/20μl)
1	0.5	0.2	1.5	0.2	30
2	0.5	0.3	2.0	0.3	35
3	0.5	0.4	2.5	0.4	40
4	0.5	0.5	3.0	0.5	45
5	1.0	0.2	2.0	0.4	45
6	1.0	0.3	1.5	0.5	40
7	1.0	0.4	3.0	0.2	35
8	1.0	0.5	2.5	0.3	30
9	1.5	0.2	2.5	0.5	35
10	1.5	0.3	3.0	0.4	30
11	1.5	0.4	1.5	0.3	45
12	1.5	0.5	2.0	0.2	40
13	2.0	0.2	3.0	0.3	40
14	2.0	0.3	2.5	0.2	45
15	2.0	0.4	2.0	0.5	30
16	2.0	0.5	1.5	0.4	35

3. 引物的筛选及条带统计分析

采用上述优化的 ISSR-PCR 反应体系，根据哥伦比亚大学 UBC 公司公布的 ISSR 引物序列，对生工生物工程（上海）股份有限公司合成的 45 条引物进行筛选，选出扩增条带清晰、多态性强、可重复的引物用于乌腺金丝桃遗传多样性的 ISSR 分析。记录筛选引物 ISSR-PCR 的电泳条带，将其转化成二元数据，有带的记为 1，无带的记为 0，利用 NTSY-pc2.1 软件计算不同来源乌腺金丝桃间的遗传相似系数，应用类平均聚类法（UPGMA）进行聚类分析。

三、结果与分析

1. 正交试验结果分析

正交试验结果如图 2-3-1 所示，16 个正交处理组合均有扩增条带，但条带数量、强弱及清晰度差异显著，组合 1、2、7、16 仅有 1 条扩增条带，处理组合 3、4、6、8、9、10、11、12、13、14、15 有 2~4 条条带，条带较弱，处理组合 5 扩增效果较好，有 6 条扩增带，多态性高，条带清晰，为最佳反应体系。

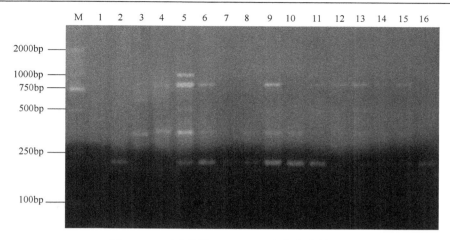

图 2-3-1 正交设计 ISSR-PCR 产物电泳结果
M 为 DNA marker，1～16 为表 2-3-2 中的处理组合编号

2. 引物筛选及扩增产物的多态性

45 条引物中，有 11 条引物可扩增出清晰、明亮、多态性较好的条带，11 条引物的退火温度在 49.2～53.6℃，平均退火温度为 52.26℃（表 2-3-3），11 条引物扩增条带大小为 200～1600bp（图 2-3-2），共扩增出 85 条条带，多态条带百分率为 67.06%，其中多态性最高的是引物 UBC807，共扩增出 11 条条带，多态条带百分率为 100%。

表 2-3-3 ISSR 引物及其扩增结果

引物编号	引物序列	退火温度/℃	扩增总条带数/条	多态性条带数/条	多态条带百分率/%
UBC807	$(AG)_8T$	52.3	11	11	100.00
UBC816	$(CA)_8T$	52.3	6	4	66.67
UBC822	$(TC)_8A$	52.5	5	3	60.00
UBC823	$(TC)_8C$	53.6	8	5	62.50
UBC834	$(AG)_8YT$	51.5	9	6	66.67
UBC836	$(AG)_8YA$	52.0	11	8	72.73
UBC842	$(GA)_8YG$	53.2	6	5	83.33
UBC844	$(CT)_8RC$	53.2	8	4	50.00
UBC855	$(AC)_8YT$	51.5	6	4	66.67
UBC864	$(ATG)_6$	49.2	7	3	42.86
UBC900	ACTTCCCACAGGTTAACACA	53.6	8	4	50.00
总数			85	57	67.06

注：R=A/G；Y=C/T

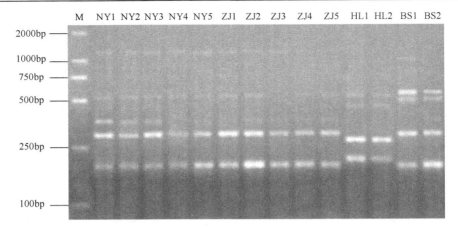

图 2-3-2 引物 UBC807 的扩增图

M 为 DNA marker

3. 基于 ISSR-PCR 的遗传多样性分析

根据 11 条引物扩增的 ISSR-PCR 电泳条带转化的二元数据计算不同地区乌腺金丝桃的遗传相似系数和遗传距离,如表 2-3-4 所示,4 个地区乌腺金丝桃间遗传相似系数分布在 0.3751~0.7252,平均值为 0.5416,遗传距离在 0.2752~0.6254,平均值为 0.4469,NY 和 ZJ 间的遗传相似系数最大(0.7252),遗传距离最小(0.2752),HL 和 BS 的遗传相似系数最小(0.3751),遗传距离最大(0.6254)。4 个乌腺金丝桃种群的 UPGMA 聚类分析如图 2-3-3 所示,可见乌腺金丝桃可分为 3 个类群:第一个群是 NY 和 ZJ,二者亲缘关系最近,说明由山区移栽到平原驯化并没有引起大的遗传变异;第二个群是 BS,第三个群是 HL,其中 BS 与第一类的亲缘关系较 HL 与第一类的亲缘关系近,说明地理位置的远近对乌腺金丝桃的遗传变异有较大影响。

表 2-3-4 4 个乌腺金丝桃居群的遗传相似系数和遗传距离

遗传相似系数 遗传距离	BS	ZJ	NY	HL
BS	—	0.6122	0.6023	0.3751
ZJ	0.3883	—	0.7252	0.5222
NY	0.3979	0.2752	—	0.4123
HL	0.6254	0.4781	0.5886	—

对 12 个乌腺金丝桃单株进行 UPGMA 聚类分析,由图 2-3-4 可知,以 0.497 为阈值,可将 12 份单株分为 3 个类群,第一个群又可以分为 2 个亚群,分别由 5 个 NY 单株和 5 个 ZJ 单株组成,第二个群由 2 个 HL 单株组成,第三个类群由 2 个 BS 单株组成,可以看出,种群内有些个体遗传相似性很高,如 NY3 与 NY1、HL1 与 HL2 等,也有些单株间遗传相似性较低,如 ZJ4 与 ZJ3 等,说明个体间的遗传变异并不是完全由地理距离决定的。

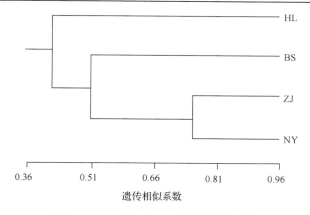

图 2-3-3　4 个乌腺金丝桃种群的聚类图

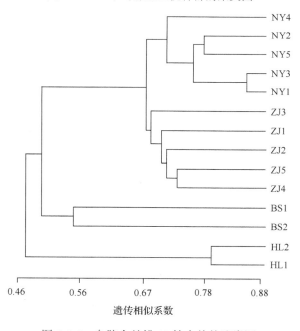

图 2-3-4　乌腺金丝桃 12 株个体的聚类图

四、讨论

1. ISSR-PCR 反应体系的优化

不同物种的 ISSR-PCR 最佳反应体系不同，反应体系的优化是利用 ISSR 分子标记技术分析物种遗传多样性的前提。目前，ISSR-PCR 反应体系的优化方法主要有单因素梯度试验和正交优化试验两种，前者操作繁杂，侧重于考察某一单一因素对 PCR 反应体系的影响，后者根据统计学的原理，不仅减少了试验次数，降低了试验成本，还兼顾了各因素之间的相互作用，可以帮助我们快速找到 ISSR-PCR

的最佳反应体系。本试验在前人的研究基础上，首次采用正交试验对影响乌腺金丝桃 ISSR-PCR 反应体系的 *Taq* DNA 聚合酶、dNTP、Mg^{2+}、引物和 DNA 模板的浓度进行 4 水平正交优化试验，获得了最佳的反应体系，即 20μl 反应体系中含有 *Taq* DNA 聚合酶 1.0U、dNTP 0.2mmol/L、Mg^{2+} 2.0mmol/L、DNA 模板 45ng。

2. 长白山区乌腺金丝桃种植资源调查

本试验原旨在利用 ISSR 分子标记技术研究长白山区乌腺金丝桃的遗传多样性，课题组成员先后在吉林省吉林市、通化市、白山市和延边朝鲜族自治州 26 个地区寻找野生乌腺金丝桃资源，最终除了在左家自然保护区找到乌腺金丝桃外，只在白山市露水河镇采到 2 株乌腺金丝桃，在寻找野生乌腺金丝桃资源过程中，课题组成员曾向当地百姓咨询是否见过乌腺金丝桃，其中在柳河县圣水镇康石村、永吉县五里河镇小河沿村等地有百姓曾表示在山坡及山脚下见过乌腺金丝桃，但由于近几年开荒毁林过度，已经看不到这种植物了。

3. 乌腺金丝桃的遗传变异

为了乌腺金丝桃种质资源的可持续利用和保存，以及乌腺金丝桃新品种的培育，课程组成员对采集的 2 份野生乌腺金丝桃、吉林农业科技学院驯化 5 年的 NY 和黑龙江中医药大学馈赠的 HL 4 个种群 12 个单株进行了遗传多样性分析。从 45 条引物中筛选出 11 条多态性和扩增效果比较好的引物，共扩增出 85 条带，其中多态条带 57 条，多态条带百分率为 67.06%，可见利用 ISSR 技术分析乌腺金丝桃的遗传多样性是有效且可行的。种群内遗传多样性分析表明，地理位置较近的种群遗传距离也比较近，聚类分析也表明地理位置较近的种群聚在一起，说明乌腺金丝桃的亲缘关系与地理位置有一定的相关性，这可能是因为地理位置较近，生长环境及气候因子相似，也可能是因为地理位置较近，种植资源相似。本研究结果与任凤鸣、李卫星等的研究结果一致，但是汤正辉、周冬琴分别发现，河南连翘与墨西哥落羽杉种群间的亲缘关系与地理位置远近没有明显的相关性，说明物种的遗传变异是多因素影响产生的。12 个单株的聚类分析表明，相同居群的单株多能聚在一起，个别居群内单株间出现遗传变异，可能是由于居群间基因交流较多，同时也说明遗传变异与地理位置远近没有严格的相关性。

当然，由于试验所取样本较少，对试验结果分析有一定的影响，下一步将扩大乌腺金丝桃的取材范围，对乌腺金丝桃的遗传多样性进行更为精确的分析，为乌腺金丝桃种植资源保护、核心种质筛选及优良新品种培育奠定基础。

参 考 文 献

白玉. 2007. DNA 分子标记技术及其应用. 安徽农业科学, 3(24): 7422-7424.
陈弟, 符贤英, 殷晓敏, 等. 2007. 几种果实总 RNA 提取方法的评价. 广东农业科学, (11): 30-33.
邓汉超, 王学林, 李筠, 等. 2012. 正交优化水稻 ISSR 种质鉴定技术研究. 中国种业, (12): 48-50.
董宁光, 高英. 2011. 核桃子叶 RNA 提取方法的研究. 北京林业大学学报, 33(6): 98-101.

侯双利, 刘翠晶, 杨利民, 等. 2013. 影响植物组织总 RNA 质量的因素. 人参研究, 2: 11-16.
靳晓丽, 田新会, 杜文华. 2015. 鹰嘴豆 ISSR 反应体系的正交优化. 草地学报, 23(6): 1303-1309.
李宏, 工新力. 1999. 植物组织 RNA 提取的难点及对策. 生物技术通报, 15(1): 36-39.
李冀, 曹明明, 高彦宇. 2012a. 乌腺金丝桃与丹参配伍对心肌缺血模型动物影响的研究. 中医药学报, 40(1): 17-19.
李冀, 石鑫, 高彦宇, 等. 2012b. 乌腺金丝桃抗抑郁作用的药理研究. 中医药信息, 29(2): 16-17.
李冀, 吴全娥, 高彦宇, 等. 2012c. 鼠海马单胺类神经递质含量 5-HT 及 5-HIAA 的影响. 中医药信息, 29(5): 18-20.
李卫星, 花维敏, 张秀萍, 等. 2015. 银杏雄株 ISSR 分子标记及亲缘关系分析. 扬州大学学报(农业与生命科学版), 36(1): 101-106.
李晓颖, 曹雪, 房经贵, 等. 2010. 杏叶片与果实总 RNA 提取方法研究. 中国农学通报, 26(2): 152-156.
李志强, 李莹, 陶建敏, 等. 2008. 几种果实不同组织总 RNA 提取及质量分析. 果树学报, 25(5): 764-768.
刘楠楠, 薛运波, 王志, 等. 2011. 蜜蜂遗传多样性研究的 RAPD-PCR 反应体系的正交优化. 吉林畜牧兽医, 9(32): 4-7.
马育轩, 王艳丽, 周海纯, 等. 2012. 乌腺金丝桃的化学成分及药理作用研究进展. 中医药学报. 40(6): 125-126.
孟祥丽, 赵玉佳, 徐艳敏, 等. 2014. 黑龙江省乌腺金丝桃资源学调查. 中国野生植物资源, 33(3): 56-57.
牛俊海, 黄少华, 冷青云, 等. 2015. 分子标记技术在红掌研究中的应用与展望. 分子植物育种, 13(6): 1424-1432.
任风鸣, 金江群, 焦雁翔, 等. 2015. 中药金钱草种质资源的 ISSR 遗传多样性研究. 中国药学杂志, 50(15): 1277-1281.
申煌煊. 2010. 分子生物学试验方法与技巧. 广州: 中山大学出版社: 88.
宋馨, 祝建, 吕洪飞. 2005. 金丝桃属植物研究进展. 西北植物学报, 25(4): 844-849.
汤正辉, 祝亚军, 谭晓凤, 等. 2013. 河南连翘种群遗传多样性的 ISSR 分析. 中南林业科技大学学报, 33(8): 32-37.
唐辉, 陈宗游, 史艳财, 等. 2013. 正交设计优化地枫皮 ISSR-PCR 反应体系. 中草药, 44(5): 610-615.
王阿娜, 裘瑾, 刘薇, 等. 2013. 桑叶片总 RNA 提取方法的比较研究. 中成药, 7(34): 1377-1380.
王超, 张智勇, 陈永胜, 等. 2012. ISSR 分子标记技术及其在蓖麻遗传育种中的应用. 黑龙江农业科学, (9): 14-17.
王国鼎, 文晓鹏, 季祥彪, 等. 2007. 11 种兰属植物 DNA 的提取及 RAPD-PCR 实验体系的建立与优化. 种子, 26(3): 24-27.
王燕, 王曼莹, 李思光. 2008. 羊蹄躅花瓣总 RNA 提取方法的比较与改进. 南昌大学学报(理学版), 1(32): 62-65.
吴生, 熊宇婷, 谢砚, 等. 2011. 正交设计优化翼梗五味子 ISSR-PCR 反应体系. 中草药, 42(5): 976-979.
肖婷婷, 朱艳, 叶波平, 等. 2010. 鸢尾属药用植物总 DNA 提取方法的比较研究. 中国野生植物资源, 29(3): 46-50.
杨占军, 谷守琴, 张健. 2009. 几种植物组织总 RNA 提取方法的特点及疑难对策. 安徽农业科学, 37(18): 8341-8342.
张喜, 孙国辉, 徐多多, 等. 2010. 乌腺金丝桃中提取分离金丝桃素的工艺研究. 吉林中医药, 30(12): 1088-1089.
张艳艳, 郭庆梅, 周凤琴, 等. 2015. 分子标记技术在木瓜属种质资源研究中的应用. 辽宁中医药大学学报, 7(12): 60-62.
赵博, 李景剑, 符支宏, 等. 2014. 正交设计优化大旗瓣凤仙 ISSR-PCR 反应体系. 南方农业学报, 45(2): 184-188.
周冬琴, 莫海波, 芦治国. 2012. 基于 SRAP 标记的墨西哥落羽杉优良单株的遗传多样性分析. 植物资源与环境学报, 21(1): 36-41.
周凤, 张东旭, 吕洪飞. 2010. 4 种金丝桃属植物基因组 DNA 提取及 RAPD 分析. 山西大同大学学报(自然科学版), 26(4): 64-67.

Lanz M, Schurch D, Calzaferri G. Photocatalytic oxidation of water to O_2 on AgCl-coated electrodes. Journal of Photochemistry and Photobiology A: Chemistry, 120: 105-117.

Zietkiewicz E, Rafalski A, Labuda D. 1994. Genome fingerprinting by simple sequence repeat(SSR)-anchored polymerase chain reaction amplification. Genomics, 20(2): 176-183.

第三章 乌腺金丝桃重要化学成分及质量控制研究

乌腺金丝桃又名稳心草、赶山鞭，为藤黄科金丝桃属多年生草本植物，在我省东部山区有分布。其味苦、性平，归心经，具有止血、镇痛、通乳等功效，主治咯血、吐血、子宫出血、风湿关节痛、神经痛、跌打损伤、乳汁缺乏、乳腺炎；外用治创伤出血、痈疖肿毒。研究表明，金丝桃素等萘骈二蒽酮类化合物、金丝桃苷等黄酮类化合物为乌腺金丝桃主要活性成分。

萘骈二蒽酮类化合物"金丝桃素"是乌腺金丝桃最具有生物活性的物质，具有抗病毒、抗抑郁、抗肿瘤等多种作用，国内外还完成了抗艾滋病的Ⅱ期临床试验，治疗恶性神经胶质瘤的研究正在进行中。金丝桃素的多种药理作用，使其成为当前国际研究开发热点之一。

金丝桃苷是黄酮醇苷类化合物，具有镇痛、保肝、抗炎、抗癌、增强免疫、保胃、保肾等作用，尤其体现出良好的心脑血管保护和神经系统保护作用，可开发成治疗心脑血管疾病、抑郁症和阿尔茨海默病的临床药物。因其广泛的药理活性和良好的应用前景，近年来国际上对金丝桃苷的研究极为活跃。

黄酮类化合物有广泛的生物活性，对心血管系统、消化系统等有显著药效活性，且具有抗炎、免疫调节、抗肿瘤、镇痛、保肝、利尿、清除体内自由基、延缓衰老、调节血管渗透性的类似维生素 P 的作用，在医药上用于预防血液类疾病，治疗冠状动脉硬化、心绞痛、高血压、哮喘及脑供血不足所致的疾病。因此，对该类化合物的研究受到普遍重视。

当药用植物所处的外界环境条件发生了变化，其体内的次生代谢活动就会受到影响，从而使次生代谢产物的含量因部位和时期不同而发生变化。因此确定不同活性成分含量变化规律、含量最高部位及采收时期对资源高效利用尤为重要。

第一节 乌腺金丝桃重要化学成分研究

一、试验材料

乌腺金丝桃种植于吉林省吉林农业科技学院试验样地，5～10 月开始，每月分别采集各部位水平下的样品(地上部分)，将所有乌腺金丝桃的嫩茎、叶、花蕾、花、幼果分开，待样品烘干(60℃)后粉碎待用；另有部分叶阴干(测挥发油)，粉碎待用。

二、仪器与试剂

1. 仪器

高效液相色谱仪(日本岛津，LC-10AT)；电子天平(梅特勒 AL204，上海精天电子仪器有限公司)；超纯水(密理博 Direct-Q3，上海纳锘实业有限公司)；粉碎机(鹤壁天冠仪器公司)；SHB-Ⅲ循环水式多用真空泵(郑州长城科工贸有限公司)；SY-720 超声波提取仪(上海宁商超声仪器有限公司)；5430R 高速冷冻离心机(德国 Eppendorf)；紫外-可见分光光度计(日本岛津，UV-1700)；挥发油提取器；气质联用仪。

2. 试剂

金丝桃素标准品、芦丁标准品、金丝桃苷标准品；甲醇、乙腈、磷酸氢二钠、磷酸，均为色谱纯；硝酸铝、亚硝酸钠、氢氧化钠、乙醇、甲醇等，均为分析纯。

三、试验方法

(一)金丝桃素的含量测定方法

1. 供试品溶液的制备

取 1g 乌腺金丝桃粉末，置于具塞锥形瓶中，用 50ml 甲醇在 45℃下超声处理 40min(注意避光)。超声完成后充分冷却，用甲醇定容到 50ml，摇匀，取适量溶液离心(7820r/min，15min)，上清液即为供试品溶液。

2. 标准品溶液的制备

精密称取干燥至恒重的金丝桃素标准品 100μg，置于 10ml 容量瓶中，加甲醇超声处理使溶解并定容，摇匀制成浓度为 10μg/ml 的金丝桃素标准品溶液。

3. 色谱条件

岛津 Symmetry C_{18} 柱(4.6mm×150mm，5μm)，流动相：甲醇-pH 6.5 磷酸氢二钠水溶液(87.7:12.3)，检测波长为 590nm，流速 1.0ml/min，柱温 30℃。

4. 标准曲线的绘制

精密吸取金丝桃素标准品溶液 2μl、4μl、6μl、8μl、10μl，分别注入高效液相色谱仪，测定金丝桃素峰面积，以金丝桃素含量 x 为横坐标，峰面积值 y 为纵坐标，绘制标准曲线。

5. 金丝桃素含量的测定

将供试品溶液依情况适量稀释，用微孔滤膜过滤后进样测定，测得峰面积和质量，计算金丝桃素的含量。

(二)总黄酮的含量测定方法

1. 供试品溶液的制备

取 1g 乌腺金丝桃粉末,置于具塞锥形瓶中,用 50ml 甲醇在 45℃下超声处理 40min。超声完成后充分冷却,用甲醇定容到 50ml,摇匀,取适量溶液离心(7820r/min,15min),上清液即为供试品溶液。

2. 空白对照溶液的制备

取 0.5ml 甲醇溶液放入取液管中,加入 5% $NaNO_2$ 溶液 0.3ml 摇匀,放置 6min,再加入 10% $Al(NO_3)_3$ 溶液 0.3ml 摇匀,放置 6min,然后加入 4% NaOH 溶液 3ml 摇匀,放置 15min,即为空白对照液。

3. 标准品母液的制备

精密称取芦丁标准品 4mg(标准品芦丁含量 99%),用甲醇溶解,并定容在 10ml 容量瓶中,制成标准品母液,浓度为 400μg/ml,留存备用。

4. 测定波长的选择

在可见光波长 700～400nm 内分别对芦丁标准品和供试品溶液进行扫描,确定其最大吸收峰。

5. 标准曲线的绘制

取芦丁标准品母液依次稀释得到浓度梯度为 400μg/ml、200μg/ml、100μg/ml、50μg/ml、25μg/ml、12.5μg/ml、6.25μg/ml 的对照品溶液。精确取上述稀释液 0.5ml,依据"2. 空白对照溶液的制备"测其吸光度。以吸光度为纵坐标,芦丁标准品浓度为横坐标建立回归方程。

6. 总黄酮含量的测定

取供试品溶液依据测定情况用甲醇适当稀释,摇匀,从中取 0.5ml,按"2. 空白对照溶液的制备"的方法依次加入反应试剂,在确定的最大波长下检测总黄酮含量。

(三)金丝桃苷含量测定方法

1. 供试品溶液的制备

取 1g 乌腺金丝桃粉末,置于具塞锥形瓶中,用 50ml 甲醇在 45℃下超声处理 40min。超声完成后充分冷却,用甲醇定容到 50ml,摇匀,取适量溶液离心(7820r/min,15min),上清液即为供试品溶液。

2. 对照品储备液的制备

精密称取金丝桃苷标准品 1.9mg,溶解于甲醇中,定容于 10ml 的容量瓶中,制成浓度为 190μg/ml 的标准品溶液。取标准品母液 2ml,用甲醇稀释至 4ml 得浓度为 95μg/ml 标准品溶液,按此法再稀释得浓度为 47.5μg/ml 的对照品储备液。

3. 色谱条件

采用的仪器为 LC-20AT 氨基酸自动分析仪,SPD-20A 紫外检测器,CTO-10ASVP 柱温箱。Symmetry C_{18} 柱(4.6mm×150mm,5μm),流动相:乙腈:0.1% 磷酸溶液(16:84),检测波长为 360nm,流速为 1.0ml/min,柱温为 40℃。理论板数按金丝桃苷≥3000,此条件下金丝桃苷与其他成分分离度≥1.5。

4. 标准曲线的绘制

精密吸取 47.5μg/ml 对照品储备液 2μl、4μl、8μl、12μl、16μl,按上述色谱条件进样。测定其峰面积,以对照品进样量(μg)为横坐标、峰面积积分值为纵坐标绘制标准曲线。

5. 金丝桃苷含量的测定

精密量取乌腺金丝桃的提取液 1000μl 用微孔滤膜过滤,依据情况进行适当稀释(使峰面积处在标准曲线线性范围内),测得峰面积,计算金丝桃苷的含量。

(四)挥发油含量测定及 GC-MS 分析

1. 挥发油含量测定

精密称取乌腺金丝桃叶粉末 1g,置于圆底烧瓶中,用 100ml 蒸馏水常温浸泡 1h,用挥发油提取器按常规水蒸气蒸馏提取挥发油,至油层的高度不再发生变化,读取并记录挥发油的量。

2. GC-MS 分析条件

乌腺金丝桃挥发油用乙醚溶解、稀释。色谱柱:Rxi-5 MS,30m×0.25mm,膜厚 0.25μm。GC:柱温 60℃保持 5min,以 4℃/min 的速度升至 300℃,保持 10min。进样口温度:300℃,氦气流速:1.00ml/min,分流比 20:1。MS:电压 70eV,离子源温度 250℃,连接杆温度 300℃,溶剂延迟时间为 3.50min,m/z 范围:35~500。进样量:1μl。

3. 乌腺金丝桃叶中挥发油成分分析

采用 GC-MS 按上述条件对乌腺金丝桃挥发油进行化学成分分析,得总离子流图和分析表,对总离子流图中的主要条峰经质谱扫描得质谱图,经质谱计算机数据库检索,按各色谱峰的质谱裂片与数据库文献核对以确定挥发油成分。

四、结果与分析

(一)标准曲线

金丝桃素、芦丁、金丝桃苷的标准曲线如图 3-1-1~图 3-1-3 所示。结果表明,金丝桃素进样量在 0.02~0.10μg 内线性关系良好,其线性方程为 $y=5×10^6x+224.3$,$R^2=1.0000$;芦丁浓度在 6.25~400μg/ml 内线性关系良好,其线性方程为 $y=0.0014x+$

0.0409（R^2=0.9998）；金丝桃苷进样量在 0.095～0.76μg 内线性关系良好，其线性方程为 y=2 814 900.77x+20 496.79，R^2=1.00。

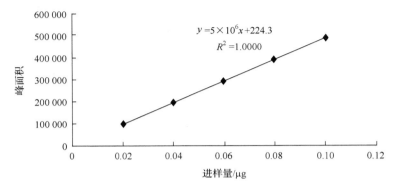

图 3-1-1　金丝桃素标准曲线

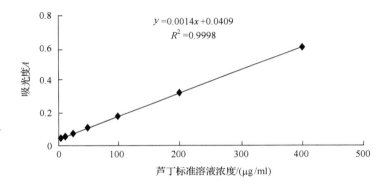

图 3-1-2　芦丁标准曲线

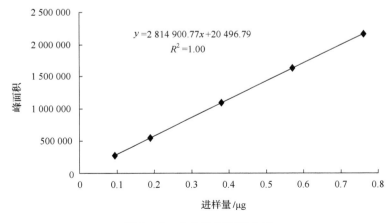

图 3-1-3　金丝桃苷标准曲线

(二)结果及分析

1. 不同采收时期乌腺金丝桃嫩茎中化学成分含量测定结果与分析

对乌腺金丝桃嫩茎中金丝桃素、总黄酮、金丝桃苷含量进行方差分析,金丝桃素 F=202.499>Fcrit=2.393,总黄酮 F=130.1173>Fcrit=2.8477,金丝桃苷 F=337.628>Fcrit=2.847,表明差异均显著。图 3-1-4 显示乌腺金丝桃嫩茎中金丝桃素含量随着时间推移呈现先升高再降低的趋势,5 月 20 日到 7 月 2 日稳定持续升高(最高值为 0.1237mg/g),7 月 2 日到 8 月 15 日下降得较快,8 月 15 日到 10 月 15 日下降比较平缓(最低值为 0.0457mg/g)。图 3-1-5 显示总黄酮含量随着时间推移呈现先升高再降低再升高的趋势,6 月 20 日(最低值为 19.186mg/g)到 7 月 2 日上升平缓,7 月 2 日到 9 月 5 日快速上升(最高值为 36.849mg/g),9 月 5 日到 9 月 22 日急速下降,之后又开始出现升高趋势。图 3-1-6 显示金丝桃苷含量从 6 月 20 日到 7 月 2 日有小幅度的升高,之后快速上升,至 7 月 22 日达到最高,含量为 2.2651mg/g,7 月 22 日到 8 月 15 日有小幅度的降低,8 月 15 日以后持续降低,最低值为 0.3567mg/g。

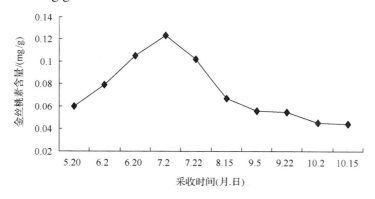

图 3-1-4 不同采收时期乌腺金丝桃嫩茎中金丝桃素含量变化

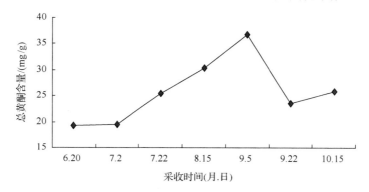

图 3-1-5 不同采收时期乌腺金丝桃嫩茎中总黄酮含量变化

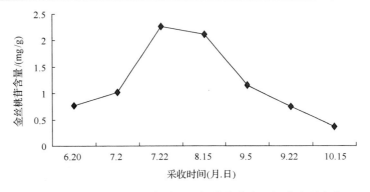

图 3-1-6　不同采收时期乌腺金丝桃嫩茎中金丝桃苷含量变化

2. 不同采收时期乌腺金丝桃叶中化学成分含量测定结果与分析

对乌腺金丝桃叶中金丝桃素、总黄酮、金丝桃苷含量进行方差分析，金丝桃素 F=86.072＞Fcrit=3，总黄酮 F=159.1991＞Fcrit=2.8477，金丝桃苷 F=4440.039＞Fcrit=2.8477，结果表明差异均显著。图 3-1-7 显示乌腺金丝桃叶中金丝桃素含量随着时间推移呈现先升高再降低的趋势，5 月 20 日（最低值为 0.26mg/g）到 6 月 2 日升高比较快速，6 月 2 日到 7 月 22 日缓慢升高，7 月 22 日到 8 月 15 日又快速上升（最高值为 0.3168mg/g），8 月 15 日到 10 月 15 日较快下降。图 3-1-8 显示总黄酮含量随着时间推移呈现先升高再降低再升高的趋势，6 月 20 日（最低值为 25.227mg/g）到 7 月 2 日缓速升高，7 月 2 日到 7 月 22 日快速升高（最高值为 61.057mg/g），7 月 22 日到 8 月 15 日缓速下降，8 月 15 日到 9 月 5 日快速下降，9 月 5 日到 9 月 22 日缓速下降，9 月 22 日到 10 月 15 日缓速上升。图 3-1-9 显示金丝桃苷含量从 6 月 20 日到 7 月 2 日有小幅度的升高，之后快速上升，至 7 月 22 日达到最高，含量为 6.1057mg/g，7 月 22 日至 9 月 5 日大幅度降低，9 月 22 日至 10 月 15 日金丝桃苷含量基本保持一定含量水平，最低值为 2.5227mg/g。

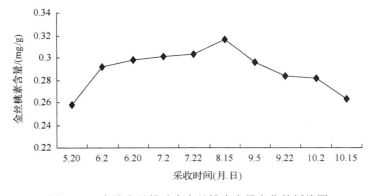

图 3-1-7　乌腺金丝桃叶中金丝桃素含量变化的折线图

第三章 乌腺金丝桃重要化学成分及质量控制研究

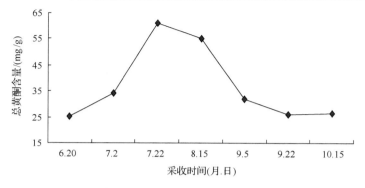

图 3-1-8 乌腺金丝桃叶中总黄酮含量变化的折线图

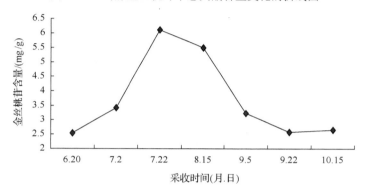

图 3-1-9 乌腺金丝桃叶中金丝桃苷含量变化的折线图

3. 不同采收时期乌腺金丝桃花蕾中化学成分含量测定结果与分析

对乌腺金丝桃花蕾中金丝桃素含量进行方差分析，$F=2055.727>F{\rm crit}=4.066$，表明差异显著；对乌腺金丝桃花蕾中总黄酮含量进行方差分析，$F=3.6117<F{\rm crit}=4.0662$，表明差异不显著，花蕾中总黄酮含量受采收时间的影响小（图3-1-11）。图 3-1-10 表明乌腺金丝桃花蕾中金丝桃素含量随着时间推移而升高，6月20日到7

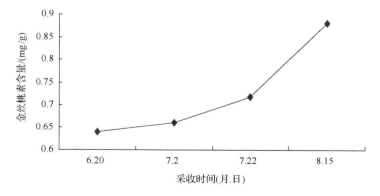

图 3-1-10 乌腺金丝桃花蕾中金丝桃素含量变化的折线图

月 22 日升高较缓慢，7 月 22 日到 8 月 15 日快速升高（最高值为 0.8798mg/g）。图 3-1-11 表明乌腺金丝桃花蕾中总黄酮含量从 6 月 20 日到 8 月 15 日随着时间推移而缓慢上升，最高值为 27.180mg/g。

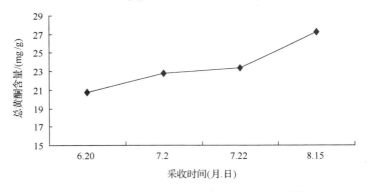

图 3-1-11　乌腺金丝桃花蕾中总黄酮含量变化的折线图

4. 不同采收时期乌腺金丝桃花中化学成分含量测定结果与分析

对乌腺金丝桃花中金丝桃素含量进行方差分析，F=255.579＞Fcrit=4.066，表明差异显著；对乌腺金丝桃花中总黄酮含量进行方差分析，F=1.940 576＜Fcrit=4.066 181，表明差异不显著，花中总黄酮含量受采收时间的影响小；对乌腺金丝桃花中金丝桃苷含量进行方差分析，F=139.86＞Fcrit=4.0661，表明差异显著。图 3-1-12 表明乌腺金丝桃花中金丝桃素含量随着时间推移而升高，8 月 15 日最高值为 1.0822mg/g。图 3-1-13 表明总黄酮含量随着时间推移而缓慢上升，其中从 7 月 2 日到 7 月 22 日上升快速，8 月 15 日含量最高值为 36.439mg/g。图 3-1-14 表明金丝桃苷含量从 6 月 20 日（最低值为 1.6774mg/g）到 7 月 2 日有平缓升高的趋势，7 月 22 日至 8 月 15 上升趋势明显，8 月 15 日含量达到最高值，为 2.8639mg/g。

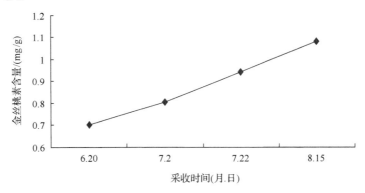

图 3-1-12　乌腺金丝桃花中金丝桃素含量变化的折线图

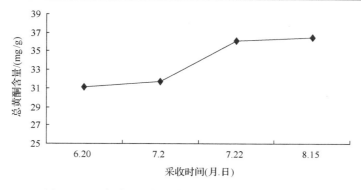

图 3-1-13　乌腺金丝桃花中总黄酮含量变化的折线图

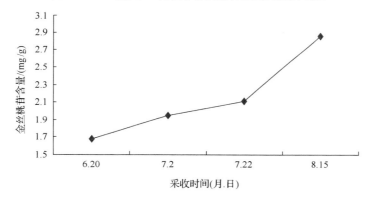

图 3-1-14　乌腺金丝桃花中金丝桃苷含量变化的折线图

5. 不同采收时期乌腺金丝桃幼果中金丝桃素、总黄酮含量测定结果与分析

对乌腺金丝桃幼果中金丝桃素、总黄酮含量进行方差分析，金丝桃素 $F=86.07239>Fcrit=3$，总黄酮含量 $F=43.6193>Fcrit=3.4780$，结果表明差异显著。图 3-1-15 表明乌腺金丝桃幼果中金丝桃素含量随着时间先平缓升高，7 月 30 日、8 月 15 日含量分别为 0.2569mg/g、0.2641mg/g；之后快速下降，最低值为 0.1687mg/g。

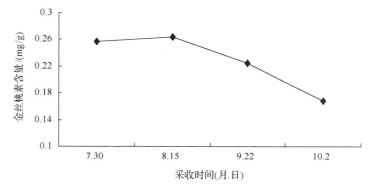

图 3-1-15　乌腺金丝桃幼果中金丝桃素含量变化的折线图

图 3-1-16 表明总黄酮含量随时间呈现先快速升高后较快下降的趋势，8 月 15 日含量最高，为 48.778mg/g；9 月 5 日至 9 月 22 日，总黄酮含量相近，9 月 5 日、9 月 22 日分别为 36.714mg/g、35.982mg/g。

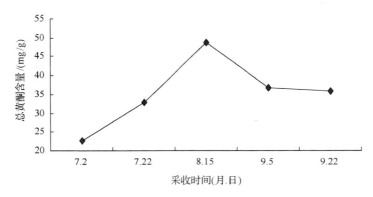

图 3-1-16　乌腺金丝桃幼果中总黄酮含量变化的折线图

6. 不同采收时期乌腺金丝桃熟果中总黄酮和金丝桃苷含量测定结果与分析

对乌腺金丝桃熟果中总黄酮和金丝桃苷含量分别进行方差分析，总黄酮 F=44.4345＞Fcrit=3.4780，金丝桃苷 F=255.5704＞Fcrit=3.478 04，表明差异显著。图 3-1-17 表明乌腺金丝桃熟果中总黄酮含量随时间呈现先升高后下降的趋势，8 月 15 日含量最高，为 54.595mg/g，10 月 15 日总黄酮含量最低，为 28.400mg/g。图 3-1-18 表明乌腺金丝桃果实中金丝桃苷含量从 7 月 2 日到 7 月 22 日有大幅度的升高，最高含量为 0.8569mg/g，7 月 22 日到 9 月 5 日迅速降低，之后降低极平缓，最低值为 0.4136mg/g。

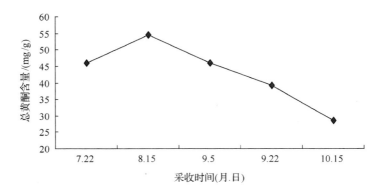

图 3-1-17　乌腺金丝桃熟果中总黄酮含量变化的折线图

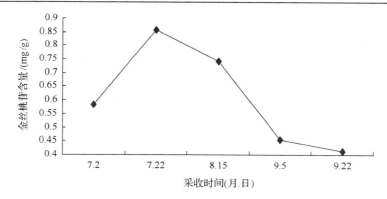

图 3-1-18　乌腺金丝桃熟果中金丝桃苷含量变化的折线图

7. 乌腺金丝桃不同部位中金丝桃苷含量测定结果及分析

上述分析表明，除花外，其他各部位的金丝桃苷含量均在 7 月 22 日最高，因此，对这一时期不同部位中金丝桃苷含量进行方差分析，结果显示 F=10 524.92＞Fcrit=4.0661，即 P＜0.01，表明在同一时期，不同部位的金丝桃苷含量有极显著的差异。图 3-1-19 表明乌腺金丝桃乌腺金丝桃嫩茎、叶、花和果实中金丝桃苷含量从高到低依次为：叶＞嫩茎＞花＞果实。

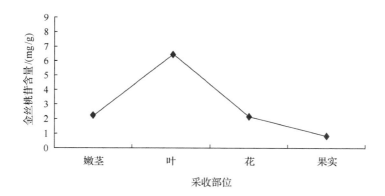

图 3-1-19　7 月 22 日乌腺金丝桃不同部位中金丝桃苷含量变化的折线图

8. 乌腺金丝桃叶中挥发油含量测定结果

图 3-1-20 显示随着时间的推移乌腺金丝桃叶中挥发油含量呈现先上升后下降的趋势，7 月 10 日挥发油含量最高，为 11.68ml/100g。

9. 乌腺金丝桃叶中挥发油成分分析结果

GC-MS 对乌腺金丝桃叶中挥发油化学成分分析的总离子流色谱图如图 3-1-21 所示，并确定了其中 87 种挥发油成分，其成分分析结果见表 3-1-1。

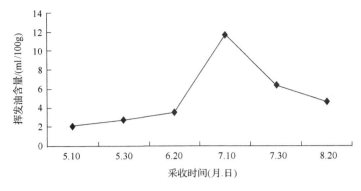

图 3-1-20　7月22日乌腺金丝桃叶中挥发油含量变化的折线图

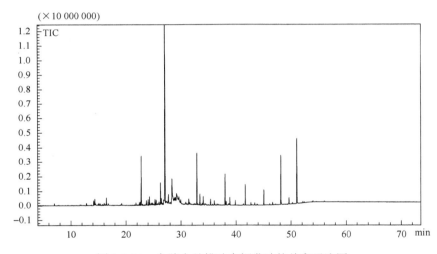

图 3-1-21　乌腺金丝桃叶中挥发油的总离子流图

表 3-1-1　乌腺金丝桃叶中挥发油成分分析表

保留时间/min	峰面积/%	化学名称	分子量	相似度/%	中文名称
6.991	0.17	(1R)-2,6,6-Trimethyl-bicyclo[3.1.1]-2-heptene	136	96	蒎烯
7.695	0.04	Bicyclo[3.1.0]hex-2-ene,4-methylene-1-(1-methylethyl)	134	89	1-异丙基-4-亚甲基双环[3.1.0]己-2-烯
10.188	0.04	o-Cymene	134	91	邻-异丙基苯
11.671	0.08	Acetophenone	120	97	苯乙酮
12.241	0.03	cis-Verbenol	152	88	反式-4,6,6'-三甲基双环[3.1.1]庚-3-烯-2-醇
12.838	0.2	Undecane	156	97	十一烷
13.721	0.07	A-Campholenal	152		龙脑烯醛

续表

保留时间/min	峰面积/%	化学名称	分子量	相似度/%	中文名称
14.154	0.43	Bicyclo[3.1.1]heptan-3-ol, 6,6-dimethyl-2-methylene-, [1S-(1α,3α,5α)]	152	95	(−)-反式-松香芹醇
14.239	0.14	Bicyclo[3.1.1]hept-3-en-2-ol, 4,6,6'-trimethyl-, [1S-(1α,2β,5α)]-	152	90	(S)-顺式-马鞭草烯醇
14.354	0.62	Verbenol	152	92	马鞭烯醇
14.49	0.25	2-(2-Benzyloxy-4-methyl-cyclohex-3-enyl)-propan-2-ol	260	81	2-(2-苄氧基-4-甲基-环己-3-烯基)-丙-2-醇
14.948	0.13	Pinocarvone	150	86	(±)-2(10)-蒎烯-3-酮
15.092	0.26	Cyclohexene, 3-acetoxy-4-(1-hydroxy-1-methylethyl)-1-methyl	212	87	3-乙酰氧基-4-(1-羟基-1-甲基乙基)-1-甲基-环己烯
15.33	0.16	Bicyclo[3.1.1]heptan-3-one, 2,6,6'-trimethyl-, (1α,2β,5α)	152	97	(1α,2β,5α)-2,6,6'-三甲基双环[3.1.1]庚烷-3-酮
15.449	0.06	3-Cyclohexen-1-ol, 4-methyl-1-(1-methylethyl)-, (R)-	154	90	(−)-4-萜品醇
15.69	0.12	Benzenemethanol, α,α,4-trimethyl	150	92	2-(4-甲基苯基)丙-2-醇
15.879	0.11	L-α-Terpineol	154	95	α-松油醇
16.064	0.24	(−)-Myrtenol	152	94	桃金娘烯醇
16.274	0.15	endo-Borneol	154	85	2-莰醇
16.455	0.76	Bicyclo[3.1.1]hept-3-en-2-ol,4,6,6'-trimethyl-, [1S-(−)-verbenone]-	150	97	马鞭草烯醇
16.775	0.28	2-Cyclohexen-1-ol, 2-methyl-5-(1-methylethenyl)-, cis	152	95	(1R,5R)-2-甲基-5-丙-1-烯-2-基-环己-2-烯-1-醇
17.566	0.03	(−)-Carvone	150	91	左旋香芹酮
17.841	0.04	cis-p-Mentha-2,8-dien-1-ol	152	94	顺-对薄荷-2,8-二烯-1-醇
19.044	0.05	2-Undecanone	170	90	甲基壬基甲酮
20.761	0.05	¹H-Cycloprop[e]azulen-4-ol, decahydro-1,1,4,7-tetramethyl-, [1aR-(1aα,4β,4aβ,7α,7aβ,7bα)]	222	83	绿花白千层醇
21.094	0.06	2-Dodecenal	182	91	2-十二烯醛
21.415	0.03	Ylangene	204	91	[1S,2R,6R,7R,8S,(+)]-1,3-二甲基-8-(1-甲基乙基)三环[4.4.0.0 2,6]癸-3-烯
21.541	0.08	α-Copaene	204	94	菖蒲
21.689	0.04	Tricyclo[5.4.0.0(2,8)]undec-9-ene, 2,6,6,9-tetramethyl-, (1R,2S,7R,8R)-	204	85	长叶蒎烯
21.806	0.33	(−)-β-Bourbonene	204	95	β-波旁烯
22.229	0.06	6,10-Dimethylundecan-2-one,	198	85	六氢假紫罗酮

续表

保留时间/min	峰面积/%	化学名称	分子量	相似度/%	中文名称
22.419	0.33	Bicyclo[7.2.0]undec-4-ene, 4,11,11-trimethyl-8-methylene-	204	96	石竹烯
22.61	0.33	¹H-3a,7-Methanoazulene, octahydro-3,8,8-trimethyl-6-methylene-, [3R-(3α,3aβ,7β,8aα)]-	204	92	β-柏木烯
22.78	4.41	Caryophyllene	204	97	反式石竹烯
23.029	0.16	¹H-Cyclopenta[1,3]cyclopropa[1,2]benzene,octahydro-7-methyl-3-methylene-4-(1-methylethyl)-,[3aS-(3aα,3bβ,4β,7α,7aS*)]-	204	91	荜澄茄油烯
23.154	0.02	Bicyclo[3.1.1]hept-2-ene, 2,6-dimethyl-6-(4-methyl-3-pentenyl)-	204	88	2,6-二甲基-6-(4-甲基-3-戊烯基)双环[3.1.1]庚-2-烯
23.308	0.05	Alloaromadendrene	204	92	香树烯
23.751	0.65	Dodecane-4,6-dimethyl-	198	92	4,6-二甲基-十二烷
23.916	0.12	β-ylangene	204	83	β-漾烯
24.042	0.55	Di-epi-α-cedrene	204	91	α-柏木萜烯
24.282	0.83	γ-Muurolene	204	94	γ-甘露醇
24.384	0.32	α-Muurolene	204	82	
24.65	0.24	2-Tridecanone	198	93	2-十三烷酮
24.764	0.39	β-copaene	204	63	
24.902	0.23	α-Muurolene	204	92	
25.004	0.16	α-Farnesene	204	88	α-法尼烯
25.092	0.19	Benzene, 1-methyl-4-(1,2,2-trimethylcyclopentyl)-,(R)-	202	74	花侧柏烯
25.278	0.69	Naphthalene, 1,2,3,4,4a,5,6,8a-octahydro-7-methyl-4-methylene-1-(1-methylethyl)-,(1α,4aβ,8aα)-	204	95	
25.491	0.7	Naphthalene, 1,2,3,5,6,8a-hexahydro-4,7-dimethyl-1-(1-methylethyl)-,(1S-cis)-	204	83	
25.688	0.24	Isoaromadendrene epoxide	220	80	异戊二烯环氧化物
25.802	0.22	3,7-Cyclodecadiene-1-methanol, α,4,8-tetramethyl-[s-(Z,Z)]	222	89	3,7-环癸二烯-1-甲醇,α,4,8-四甲基-[s-(Z,Z)]
26.016	0.46	Cadala-1(10),3,8-triene	202	87	
26.179	0.12	Δ-Neoclovene	204	80	δ-新罗烯
26.284	2.23	Caryophyllene oxide	220	88	石竹素
26.44	1.09	2,5,9-Trimethylcycloundeca-4,8-dien-one	206	82	2,5,9-三甲基环十一碳-4,8-二烯酮
26.665	0.46	Alloaromadendrene oxide-(1)	220	78	

续表

保留时间/min	峰面积/%	化学名称	分子量	相似度/%	中文名称
26.871	0.6	Bicyclo[7.2.0]undec-4-ene, 4,11,11-trimethyl-8-methylene-,[1R-(1R*,4Z,9S*)]-	204	78	(−)-异丁香烯
26.934	0.51	1H-Cycloprop[e]azulen-7-ol, decahydro-1,1,7-trimethyl-4-methylene-, [1ar-(1aα,4aα,7β,7aβ,7bα)]-	220	85	桉油烯醇
27.093	19.16	Epiglobulol	222	94	
27.603	0.46	2-Naphthalenemethanol, 1,2,3,4,4a,5,6,8a-octahydro-α,α,4a,8-tetramethyl-, [2R-(2α,4aα,8aβ)]-	222	84	
27.719	1.68	Cyclohexane-1-methanol,3,3-dimethyl-2-(3-methyl-1,3-butadienyl)	208	87	环己烷-1-甲醇,3,3-二甲基-2-(3-甲基-1,3-丁二烯基)
28.032	0.28	(−)-Neoclovene-(II), dihydro-	206	79	
28.131	0.44	Cubenol	222	77	
28.37	4.78	Tetracyclo[6.3.2.0(2,5).0(1,8)]tridecan-9-ol, 4,4-dimethyl-	220	87	四环[6.3.2.0(2,5).0(1,8)]十三烷-9-醇
28.512	2.08	Spiro[4.5]dec-6-en-8-one, 1,7-dimethyl-4-(1-methylethyl)-	220	84	螺[4.5]癸-6-烯-8-酮,1,7-二甲基-4-(1-甲基乙基)-
28.783	1.49	Cedrol	222	80	柏木脑
28.89	1.52	4-(2,4,4-Trimethyl-bicyclo[4.1.0]hept-2-en-3-yl)-butan-2-one	206	79	4-(2,4,4-三甲基-双环[4.1.0]庚-2-烯-3-基)-丁-2-酮
29.039	1.1	1-Decanol, 2-hexyl-	242	88	2-己基-1-葵醇
29.179	1.62	Androstan-17-one,3-ethyl-3-hydroxy-, (5α)-	318	80	3-乙基-3-羟基-雄甾烷-17-酮
29.259	1.52	Naphthalene, 1,6-dimethyl-4-(1-methylethyl)-	198	91	1,6-二甲基-4-异丙基萘
29.336	1.26	Nootkatone	218	65	努特卡酮
29.459	0.84	3,4,4-Trimethyl-3-(3-oxo-but-1-enyl)-bicyclo[4.1.0]heptan-2-one	220	67	3,4,4-三甲基-3-(3-氧代-丁-1-烯基)-双环[4.1.0]庚-2-酮
29.617	2.98	6-Tridecanone	198	80	6-十三烷酮
29.958	1.34	Acetate, (2,4a,5,8a-tetramethyl-1,2,3,4,4a,7,8,8a-octahydro-1-naphthalenyl) ester	250	79	乙酸酯,(2,4a,5,8a-四甲基-1,2,3,4,4a,7,8,8a-八氢-1-萘基)酯
30.799	0.34	9-Isopropyl-1-methyl-2-methylene-5-oxatricyclo[5.4.0.0(3,8)]undecane	220	77	穿心莲内酯
30.872	0.41	Longiverbenone	218	79	
31.403	0.87	1-Cyclohexene-1-propanal, 2,6,6-trimethyl-	180	81	1-环己烯-1-丙醛,2,6,6-三甲基-
31.52	0.33	6-(1,3-Dimethyl-buta-1,3-dienyl)-1,5,5-trimethyl-7-oxa-bicyclo[4.1.0]hept-2-ene	218	81	6-(1,3-二甲基-丁-1,3-二烯基)-1,5,5-三甲基-7-氧杂-双环[4.1.0]庚-2-烯

续表

保留时间/min	峰面积/%	化学名称	分子量	相似度/%	中文名称
32.88	4.48	2-Pentadecanone, 6,10,14-trimethyl-	268	95	植酮
33.068	0.17	Acetic acid, 3,7,11,15-tetramethyl-hexadecyl ester	340	90	乙酸,3,7,11,15-四甲基-十六烷基酯
33.273	0.13	Phytol, acetate	338	85	植醇乙酯
33.422	1.03	1,2-Benzenedicarboxylic acid, bis (2-methylpropyl) ester	278	95	邻苯二甲酸二异丁酯
33.664	0.05	3,7,11,15-Tetramethyl-2-hexadecen-1-ol	296	81	3,7,11,15-四甲基己烯-1-醇（叶绿醇）
33.828	0.21	Phytol	296	90	植物醇
34.023	0.96	Heneicosane	296	97	二十一烷
35.386	0.58	Dibutyl phthalate	278	97	邻苯二甲酸二丁酯
42.699	0.24	4,8,12,16-Tetramethylheptadecan-4-olide	324	92	4,8,12,16-四甲基十七烷-4-醇

五、结论

(1) 在乌腺金丝桃不同部位中，金丝桃素含量由低到高依次为：嫩茎＜果＜叶＜花蕾＜花；且嫩茎7月2日含量最高，幼果、叶、花蕾及花均是8月15日含量最高，因此以金丝桃素为目标物来源，植物乌腺金丝桃的最佳采收期为7月底至8月中旬。

(2) 在乌腺金丝桃不同部位中总黄酮含量由低到高依次为：嫩茎＜花蕾＜花＜幼果＜熟果＜叶；且嫩茎9月5日含量最高，叶7月22日含量最高，花蕾、花、幼果、熟果均是在8月15日含量最高，因此，以总黄酮为目标物的来源植物乌腺金丝桃的最佳采收期为7月底至8月中旬。

(3) 在乌腺金丝桃不同部位中金丝桃苷含量由低到高依次为：果实＜花＜嫩茎＜叶；且花8月15日含量最高，嫩茎、叶、果实均是7月22日含量最高，因此，以金丝桃苷为目标物的来源植物乌腺金丝桃的最佳采收期为7月底至8月中旬。

(4) 在乌腺金丝桃叶中挥发油的含量在7月中旬最高，且采用GC-MS确定了其中87个成分。

六、色谱图

不同部位化学物质色谱图如图3-1-22～图3-1-34所示。

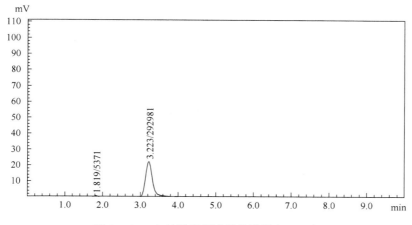

图 3-1-22　金丝桃素标准品色谱图(0.08μg)

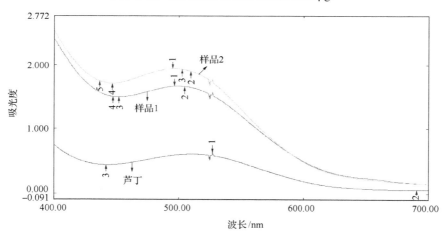

图 3-1-23　芦丁标品及样品光谱图

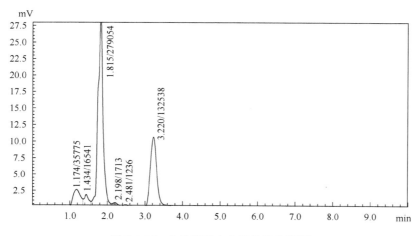

图 3-1-24　8月嫩茎中金丝桃素色谱图

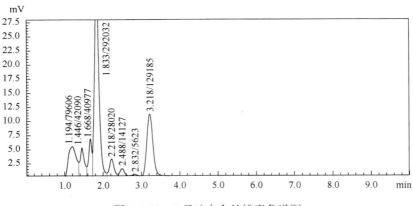

图 3-1-25　8 月叶中金丝桃素色谱图

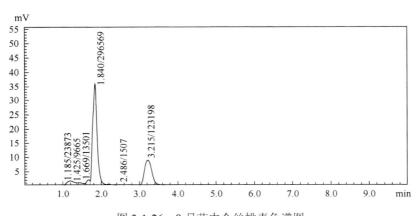

图 3-1-26　8 月花中金丝桃素色谱图

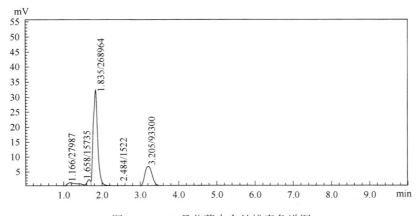

图 3-1-27　8 月花蕾中金丝桃素色谱图

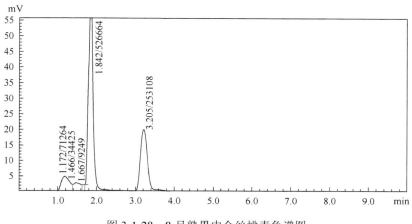

图 3-1-28　8月熟果中金丝桃素色谱图

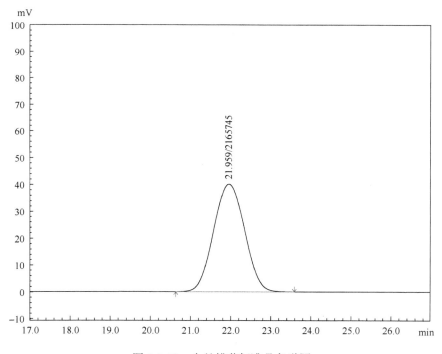

图 3-1-29　金丝桃苷标准品色谱图

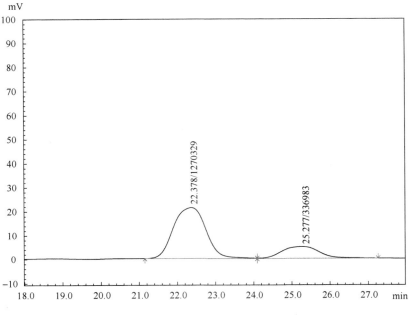

图 3-1-30　8 月嫩茎中金丝桃苷色谱

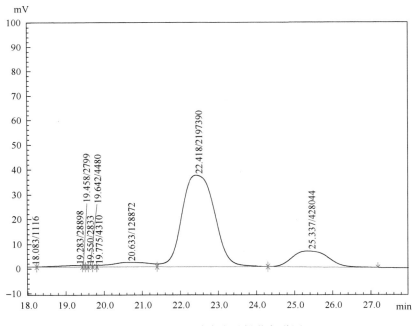

图 3-1-31　7 月叶中金丝桃苷色谱图

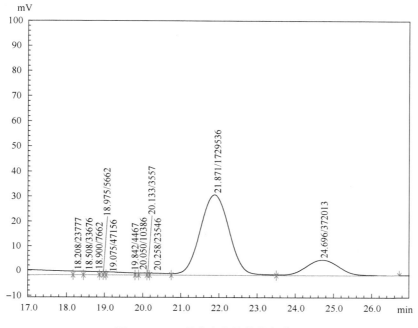

图 3-1-32　7月花中金丝桃苷色谱图

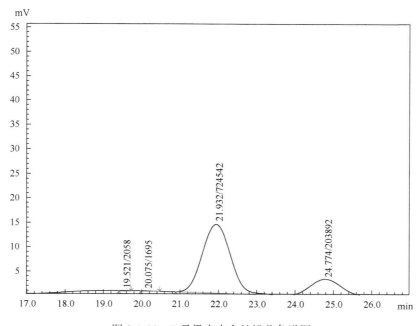

图 3-1-33　7月果实中金丝桃苷色谱图

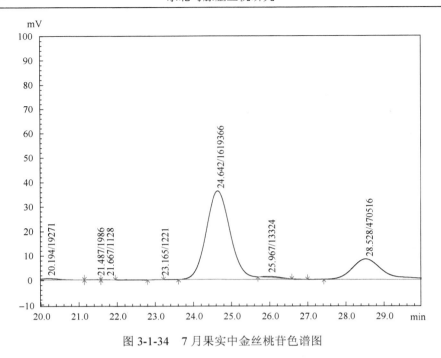

图 3-1-34　7 月果实中金丝桃苷色谱图

第二节　乌腺金丝桃质量控制研究

一、栽培与野生乌腺金丝桃不同部位中总黄酮及芦丁的含量

基于乌腺金丝桃良好的开发前景及资源保障，对其不同部位总黄酮和芦丁含量进行测定，并与野生乌腺金丝桃进行比较，对栽培乌腺金丝桃进行质量初步评价。

(一)仪器与材料

1. 仪器

高效液相色谱仪(日本岛津，LC-20AT)；紫外-可见分光光度计(日本岛津，UV-1700)；高速中药粉碎机(温州，LG-08A)；电子天平(梅特勒，XL-204)。

2. 材料

野生乌腺金丝桃花、叶、茎于 2012 年 7 月在吉林省吉林农业科技学院左家校区采集，栽培乌腺金丝桃花、叶、茎、果同期在吉林省吉林农业科技学院九站校区植物试验基地采集，各样品于恒温干燥箱 60℃烘干，粉碎，过 60 目筛，备用。

芦丁标准品；甲醇为色谱纯；三氯化铁、镁粉、乙醇、甲醇、硝酸铝、亚硝酸钠、氢氧化钠等均为分析纯。

(二)试验方法

1. 总黄酮含量测定——紫外-可见分光光度法

1)标准品溶液制备

精密称取芦丁标准品 10mg,置于 10ml 容量瓶中,加甲醇溶解并稀释至刻度,精密量取 5ml 置于 25ml 容量瓶中,加水稀释至刻度,摇匀,即得。

2)供试品溶液制备

取野生乌腺金丝桃叶、花、茎粉末及栽培乌腺金丝桃叶、花、茎、果实粉末各 1g,精密称定,置于锥形瓶中,分别加入体积分数为 60%的乙醇 10ml,在功率 50W、频率 40kHz 条件下超声提取 30min,过滤,洗涤残渣,滤液并入容量瓶,定容到 20ml。

3)测定波长的选择

取对照品溶液和供试品溶液各 0.5ml,分别置于 25ml 容量瓶中,分别加入 5% $NaNO_2$ 1.0ml 摇匀,放置 6min,加 10% $Al(NO_3)_3$ 1.0ml,摇匀,放置 6min,再加 4% NaOH 试液 10ml,加 60%乙醇至刻度,摇匀放置 15min 后,在 200~500nm 波长范围内扫描。结果二者在 360nm 处有最大吸收波长,故选择 360nm 为测定波长。

4)标准曲线的绘制

精密吸取芦丁对照品溶液 1.0ml、1.5ml、2.0ml、2.5ml,分别置于 10ml 容量瓶中,加 5% $NaNO_2$ 溶液 0.3ml 振荡摇匀,放置 6min,加 10% $Al(NO_3)_3$ 0.3ml,振荡摇匀,放置 6min,再加 4% NaOH 溶液 4ml,振荡摇匀,用体积分数为 60%的乙醇定容至刻度,放置 15min 后采用紫外-可见分光光度法,置比色皿中在 360nm 处测定吸光度,以对照品浓度(μg/ml)为横坐标,吸光度 A 为纵坐标,进行线性回归,得回归方程 $y = 0.02976x - 0.03100$,$R^2 = 0.99625$,表明线性关系良好。

5)总黄酮含量测定

精密量取野生乌腺金丝桃(叶、茎、花)和栽培乌腺金丝桃(叶、茎、花、果)供试品溶液各 100μl,分别置于 5ml 容量瓶中,按"4)标准曲线的绘制"中的操作测得吸光度,计算总黄酮含量。

2. 芦丁含量测定——HPLC 法

1)色谱条件

迪马 C_{18} 柱(250mm×4.6mm,0.5μm);流动相:甲醇-磷酸(0.025mol/ml)(40:60);流速:1ml/min;波长:360nm;进样量:20μl;柱温:室温;芦丁理论塔板数不得低于 5000。

2)标准溶液的制备

精密称取芦丁对照品 5mg 置于 10ml 容量瓶中,甲醇溶解并稀释至刻度,摇匀,精密吸取 1ml 置于 10ml 容量瓶中,加甲醇制成 50μg/ml 的溶液。吸取已配制好的标准溶液来配制一系列不同浓度溶液分别进样。所有溶液使用前均由 0.45μm 孔径的滤膜过滤。

3) 供试品溶液制备

精密量取野生乌腺金丝桃(叶、花)和栽培乌腺金丝桃(叶、花、果)供试品溶液各 1ml,每个样品均取三份,分别置于 10ml 容量瓶中,用甲醇定容至刻度,再量取野生乌腺金丝桃(茎)和栽培乌腺金丝桃(茎)供试品溶液各 1ml,每个样品取 3 份,分别置于 5ml 容量瓶中,用甲醇定容至刻度,振荡摇匀,放置 15min 备用。

4) 标准曲线的绘制

精密吸取芦丁对照品溶液 0.2ml、1.0ml、2.0ml、4.0ml、8.0ml,分别置于 10ml 容量瓶中,分别取溶液 20μl 进样测定,以峰面积(Y)对样品进样量 x(μg)进行线性回归,得回归方程 $y = 46\,494.1x + 6\,931.99$,$R^2 = 0.9992$,表明线性关系良好。

5) 芦丁含量测定

量取供试品溶液 1ml,用微孔滤膜过滤后进样测定,测得峰面积,计算芦丁含量。

(三) 结果与分析

1. 总黄酮含量变化

试验数据表明,总黄酮的平均含量野生乌腺金丝桃茎中为 12.6449mg/g、叶中为 34.9116mg/g、花中为 27.6074mg/g;栽培乌腺金丝桃茎中为 13.9910mg/g、叶中为 39.2701mg/g、花中为 29.4180mg/g、果中为 18.9512mg/g。野生乌腺金丝桃茎、花、叶总黄酮含量差异方差分析结果显示 $F = 90.325$($P<0.01$),表明各部位间总黄酮含量具有极显著的差异,多重比较结果也表明各部位间总黄酮含量均达极显著差异。栽培乌腺金丝桃茎、花、叶、果总黄酮含量差异方差分析结果显示 $F = 22.96$($P<0.01$),表明各部位间总黄酮含量具有极显著的差异,多重比较结果也表明茎、叶、花之间总黄酮含量差异显著,茎与果之间差异不显著。栽培乌腺金丝桃中总黄酮的含量略高于野生乌腺金丝桃,但未达到统计学上的显著差异水平($F = 5.734$,$P>0.05$)。结果见表 3-2-1。

表 3-2-1 紫外-可见分光光度法测定乌腺金丝桃中总黄酮含量的结果

取样部位	取样量/g	A_{360}	提取液浓度/(μg/ml)	含量/(mg/g)
野生茎	1.0010	0.156±0.013	6.3288±0.4261	12.6449±0.8875
野生花	1.0012	0.377±0.049	13.8203±1.6625	27.6074±3.2896
野生叶	1.0006	0.485±0.016	17.4813±0.5329	34.9116±1.1897
栽培茎	1.0016	0.176±0.004	7.0006±0.1428	13.9910±0.4025
栽培花	1.0018	0.404±0.018	14.7355±0.5859	29.4180±9.6653
栽培叶	1.0008	0.549±0.119	19.6508±0.9986	39.2701±7.8977
栽培果	1.0006	0.249±0.006	9.4813±0.5401	18.9512±1.0992

2. 芦丁含量变化

芦丁含量测试结果见图 3-2-1、图 3-2-2 和表 3-2-2。由图 3-2-1 可以看出，芦丁的保留时间为 16.04min，标准品纯度较高，符合要求。由图 3-2-2 可以看出，样品中有和标准品近似保留时间的化合物存在，可基本判定是芦丁。

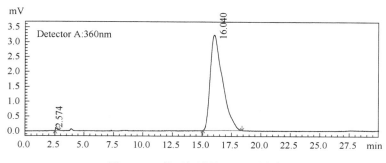

图 3-2-1　芦丁标准品 HPLC 图谱

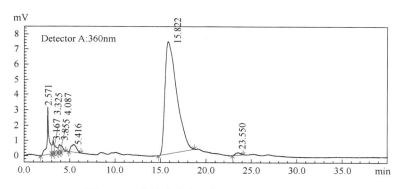

图 3-2-2　栽培乌腺金丝桃叶样品 HPLC 图谱

表 3-2-2　高效液相色谱法测定乌腺金丝桃中芦丁含量的结果

取样部位	取样量/g	峰面积	提取液浓度/(μg/ml)	含量/(mg/g)
野生茎	1.001 0	302 745±14 905.95	6.014 9±0.329 1	0.600 8±0.041 2
野生花	1.001 2	305 212±25 616.77	6.068 6±0.562 2	1.212 2±0.126 6
野生叶	1.000 6	1 211 610±141 136.94	25.808 6±3.124 7	5.158 6±0.687 9
栽培茎	1.001 6	648 543±47 578.03	13.545 8±0.866 8	1.352 4±0.119 5
栽培花	1.001 8	244 297±79 553.82	5.190 5±0.535 5	1.038 1±0.231 4
栽培叶	1.000 8	2 099 034±303 376.25	45.135 3±6.516 2	9.019 8±1.418 6
栽培果	1.000 6	349 530±72 254.22	7.033 8±1.251 0	1.405 9±0.321 1

表 3-2-2 表明，芦丁的平均含量野生乌腺金丝桃茎中为 0.6008mg/g、叶中为 5.1586mg/g、花中为 1.2122mg/g；栽培乌腺金丝桃茎中为 1.3524mg/g、叶中为 9.0198mg/g、花中为 1.0381mg/g、果中为 1.4059mg/g。野生乌腺金丝桃茎、花、叶中芦丁含量差异方差分析结果显示 $F=140.352(P<0.01)$，表明各部位间芦丁含量具有极显著的差异；多重比较结果表明叶和花、茎差异极显著，茎和花之间未达显著差异。栽培乌腺金丝桃茎、花、叶、果中芦丁含量差异方差分析结果显示 $F=86.7521$ $(P<0.01)$，表明各部位间芦丁含量具有极显著的差异；多重比较结果表明叶和茎、花、果之间达极显著差异，茎、花、果之间差异不显著。栽培乌腺金丝桃中芦丁的含量高于野生乌腺金丝桃，均达到统计学上的显著差异水平，其中茎之间 $F=85.356$、$P<0.01$，花之间 $F=21.698$、$P<0.01$，叶之间 $F=21.698$、$P<0.01$。

(四) 讨论

1. 关于检测波长和参照物的选择

提取样品的最大吸收波长未见资料，而芦丁的最大吸收波长在 200～500nm，经紫外-可见分光光度计在硝酸铝染色条件下扫描测定，二者在 360nm 处有最大吸收波长，故选择 360nm 为测定波长。高效液相色谱检测也表明，黄酮类化合物是乌腺金丝桃的主要活性成分之一，其中芦丁含量高、较稳定且易得，因此，选其作为参照物。

2. 总黄酮含量测定及与芦丁含量的关系

关于乌腺金丝桃中黄酮含量的测定有一些研究，孟祥丽等(2003)使用化学显色的方法，对乌腺金丝桃中黄酮化合物进行了定性鉴定，结果显示为阳性；张爱军等(2012)利用紫外-可见分光光度法，共测试 3 批样品，测得的结果分别为 2.56%、2.81%、3.00%。但利用 HPLC 对乌腺金丝桃中黄酮类化合物代表性成分的含量测定未见报道。这些研究均是对药材全草的测定，未对各部位分别测试。本实验表明，各器官之间黄酮含量存在着较大的差异，其中叶中的含量最高、花其次、果最低。赵玉佳等(2010)对长柱金丝桃中总黄酮含量的变化进行了测定，结果表明花中含量最高、叶其次、茎最低，与乌腺金丝桃不同。芦丁含量变化趋势与总黄酮一致。我们对两者的关系进行了相关分析，结果显示 $r=0.7491(n=21)$，说明两者之间存在着极显著的相关关系，回归方程为 $y=0.2099x-2359.8$，式中，x 为总黄酮的含量，y 为芦丁的含量。

3. 栽培条件对有效成分含量的影响

关于栽培条件对有效成分含量影响的研究不多，其中杭悦宇等(2002)对栽培贯叶金丝桃中金丝桃素的含量进行了测定，结果表明，栽培贯叶金丝桃与野生贯叶金丝桃中金丝桃素含量相当，无明显差异。然而本实验中，栽培乌腺金丝桃各部位的总黄酮含量虽然未达到显著高于野生乌腺金丝桃的水平，但从绝对值来看，也都高于野生的；而栽培乌腺金丝桃各部位的芦丁含量均达到显著高于野生乌腺金丝桃的水平。表明在不同生长条件下,黄酮和芦丁的含量变化会出现差异,同时也表明金丝桃素的积累规律和黄酮类的积累规律还是存在一定差异的。

二、种植密度对乌腺金丝桃中金丝桃素含量的影响

(一)仪器与试剂

1. 仪器

摇摆式高速万能粉碎机(DFY-500型,江苏省江阴市万达药化机械有限公司);电子天平(AL204型,梅特勒-托利多仪器有限公司);超声波清洗仪(SY-720型,上海宁商超声仪器有限公司);旋转蒸发仪(R-210型,瑞士步琪公司);循环水式真空泵(SHB-ⅢA,郑州长城科工贸有限公司);高效液相色谱仪(日本岛津,LC-10AT)。

2. 试剂

金丝桃素标准品;甲醇,磷酸氢二钠,磷酸,蒸馏水。

(二)金丝桃素含量测定方法

同本章第一节"三、试验方法"中的"(一)金丝桃素的含量测定方法"。

(三)密度设计

采用随机区组设计,将行距固定为65cm,将株距设计为15cm、25cm、35cm、45cm四个不同的密度,每个密度设三个重复小区,各小区随机区组分布。

(四)试验材料

在7月乌腺金丝桃进入花期的时候对其进行采收。只取地上部分,每个株距随机取3个样本,将每个样本分为茎、叶、花、花蕾四个不同的部位分类采收,共得到48个样品。

(五)金丝桃素含量测定结果及分析

1. 不同种植密度下乌腺金丝桃茎中金丝桃素含量的测定结果及分析

对茎中金丝桃素含量进行分析可以得到各种植密度下茎中金丝桃素的均值,方差分析结果显示 $F=4.3232(P<0.05)>F{\rm crit}=2.9011$,表明各种植密度下茎中金丝桃素的含量有显著的差异。图3-2-3表明金丝桃素在茎中的含量是有变化的,其中种植株距为15cm时含量最低,35cm时最高。对不同种植密度下乌腺金丝桃嫩茎中金丝桃素含量进行多重比较得出,差异达到极显著的是15cm和45cm;差异显著的是15cm和35cm、25cm和35cm;差异不显著的是15cm和25cm、25cm和45cm、35cm和45cm。种植密度降低,则金丝桃素含量升高。

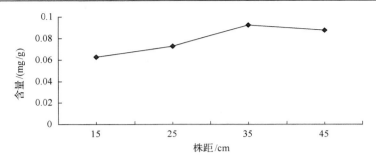

图 3-2-3　不同种植密度下乌腺金丝桃茎中金丝桃素含量

2. 不同种植密度下乌腺金丝桃叶中金丝桃素含量的测定结果及分析

对叶中金丝桃素含量进行分析可以得到各种植密度下叶中金丝桃素的均值，方差分析结果显示 $F=4.8095(P<0.01)>\text{Fcrit}=2.9011$，表明各种植密度下叶中金丝桃素的含量有极显著的差异。图 3-2-4 表明叶中金丝桃素的含量在植株距为 45cm 时最高，在另外的三个株距下含量变化不大。通过种植密度间的多重比较得出，差异达到极显著的是 15cm 和 45cm、35cm 和 45cm；差异显著的是 25cm 和 45cm；差异不显著的是 15cm 和 25cm、25cm 和 35cm。密度降低，金丝桃素含量有明显提高。

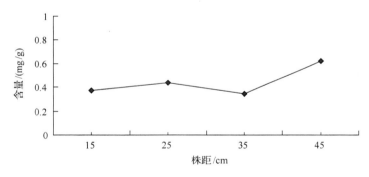

图 3-2-4　不同种植密度下乌腺金丝桃叶中金丝桃素含量

3. 不同种植密度下乌腺金丝桃花中金丝桃素含量的测定结果及分析

对花中金丝桃素含量进行分析可以得到各种植密度下花中金丝桃素均值，方差分析结果显示 $F=9.6976(P<0.01)>\text{Fcrit}=3.1274$，表明各种植密度下花中金丝桃素的含量有极显著的差异。图 3-2-5 表明花中金丝桃素的含量在种植株距为 25cm 时最高，15cm、25cm 和 35cm 的含量很接近，45cm 的含量比较低。通过种植密度间的多重比较得出，差异达到极显著的是 25cm 和 45cm、35cm 和 45cm；差异显著的是 15cm 和 25cm、25cm 和 45cm；差异不显著的是 15cm 和 35cm、25cm 和 35cm。其中 15cm 和 45cm 两个株距下金丝桃素含量低，25cm、35cm 两个株距下金丝桃素含量高，金丝桃素含量与种植密度的改变似乎无关。

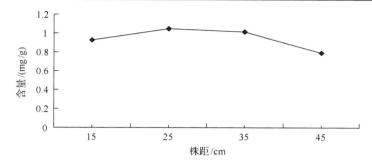

图 3-2-5　不同种植密度下乌腺金丝桃花中金丝桃素含量

4. 不同种植密度下乌腺金丝桃花蕾中金丝桃素含量的测定结果及分析

对花蕾中金丝桃素含量进行分析可以得到各种植密度下花蕾中金丝桃素均值，方差分析结果显示 $F=7.2773（P<0.01）>Fcrit=2.9604$，表明各种植密度下花蕾中金丝桃素的含量有极显著的差异，从绝对值变化来看，密度与含量关联度不大。图 3-2-6 表明花蕾中金丝桃素的含量在种植株距为 25cm 时最高，在 35cm 时产生了折点，含量最低。通过种植密度间的多重比较得出，差异达到极显著的是 15cm 和 35cm、25cm 和 35cm；差异显著的是 25cm 和 45cm；差异不显著的是 15cm 和 25cm、15cm 和 45cm、35cm 和 45cm。

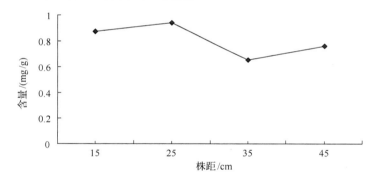

图 3-2-6　不同种植密度下乌腺金丝桃花蕾中金丝桃素含量

（六）结论

1. 种植密度对金丝桃素含量的影响

在中药材的种植中，对于种植密度和有效成分之间关系的研究报道较多，如种植密度对菊花产量和有效成分含量的影响（马铭泽等，2016）、不同栽植密度对太子参产量及有效成分的影响（吴玉香等，2016）、栽培密度对贯叶金丝桃生长和活性成分含量的影响（Pawn，2004），其研究结果表明栽培密度对植物中有效成分的含量是有影响的，而且随部位的不同，影响有差异。这可能是因为不同的种植密度会引起包括肥力、水量、光照量等植物生长微环境的变化，这些变化都有可能成为引起含量变化的诱因。种植密度对乌腺金丝桃中金丝桃素含量的影响表现为：在植物不同器官，其影响的形式不同，从花和花蕾来看，虽然有差异，但没有随密度的改变呈规律性变化，具有一定的随机性；如果从叶的数据分析，则密度较低，含量较高；茎的含量变化趋势与叶相近。这些与 Pawn 对贯叶金丝桃的研究结果有差别。这个结果的出现可能和金丝桃素的生物合成特点有关，在生物合成过程中，由原金丝桃素到金丝桃素的反应历程中，必须有光照才能进行，因此，光照是金丝桃素合成的必要条件(吴建铭等，2007)。因为花均在植株的顶部，种植密度变化并不会太多改变光照强度，从而导致呈现不规律的变化，也许还有其他因素在起作用，尚需进一步研究；而叶和茎则不同，种植密度提高会导致遮阴，从而降低光照强度，影响金丝桃素合成。

金丝桃素在茎中的含量普遍极低，因此认为单独以茎作为药用部位并不合适，应该选用叶和花两部位。那么在种植的过程中就要以所要采收的药用部位的不同来选择合适的种植密度。

2. 生物量与金丝桃素含量的关系

确定合适的种植密度可以提高乌腺金丝桃中金丝桃素的含量，但提高含量并不一定能提高产量，以金丝桃素为目标物质的乌腺金丝桃的合理采收期要由其生物量和金丝桃素的含量共同决定。在保证高含量的同时又能提高其生物量，就能够提高金丝桃素的产量。经过研究(柯宇辉等，2016)，乌腺金丝桃的生物量在株距为 25～35cm 时最高，而且在这个范围内，叶的生物量远远高于其他部位，花中的含量虽然较高，但生物量的绝对值要远小于叶。因此，作者认为，从生物量的角度考虑，应该选择 25cm 的栽培密度。

三、种植密度对乌腺金丝桃中总黄酮含量的影响

(一)仪器与试剂

1. 仪器

高速万能粉碎机(FW100，天津市泰斯特仪器有限公司)；电子天平(AL204型，梅特勒-托利多仪器有限公司)；超声波清洗仪(SY-720 型，上海宁商超声仪器有限公司)；旋转蒸发仪(R-210 型，瑞士步琪公司)；循环水式真空泵(SHB-ⅢA，郑州长城科工贸有限公司)；紫外-可见分光光度计(日本岛津，UV-1700)等。

2. 试剂

芦丁标准品；无水乙醇，亚硝酸钠，硝酸铝，氢氧化钠，蒸馏水。

(二)总黄酮含量测定方法

1. 供试品溶液的制备

分别精密称取乌腺金丝桃四个密度的四个部分的粉末 1g(花和部分花蕾量比较

少，精密称取 0.5g)，放入 50ml 具塞锥形瓶中，分别按料液比 1∶30(g/ml) 加入体积分数为 60% 的乙醇，50℃ 条件下超声波提取 30min。放凉，抽滤，滤液浓缩，用 60% 乙醇定容至 10ml，于西林瓶中冷藏储存备用。

2. 对照品溶液的制备

精密称取芦丁对照品 12.4mg，放入 100ml 容量瓶中，加 60% 乙醇定容到刻度。

3. 测定波长的选择

取对照品溶液与供试品溶液各 0.5ml，分别置于 25ml 容量瓶中，分别加入 5% 的 $NaNO_2$ 1.0ml，摇匀，放置 6min，加入 10% $Al(NO_3)_3$ 1.0ml，摇匀，放置 6min，再加 4% NaOH 10ml，摇匀，放置 15min。在 200~800nm 扫描，结果二者在 500nm 处均有最大吸收波长，故选择 500nm 为测定波长。

4. 标准曲线的绘制

精密吸取芦丁对照品溶液 1ml、2ml、3ml、4ml、5ml，分别置于 10ml 容量瓶中，分别加入 5% 的 $NaNO_2$ 0.3ml，摇匀，放置 6min，加 10% $Al(NO_3)_3$ 0.3ml，摇匀，放置 6min，再加 4% NaOH 4ml，摇匀，放置 15min。置于比色皿中，在波长 500nm 处测定吸光度。以对照品的浓度为横坐标，吸光度为纵坐标，绘制标准曲线，得方程：$y=11.761x-0.025$，$r=0.9995$。表明总黄酮浓度在 0.0124~0.0620mg/ml 内与吸光度呈良好的线性关系。

5. 总黄酮含量的测定

精密吸取供试品溶液 0.1ml，置于 10ml 容量瓶中，按"3. 测定波长的选择"操作。参照标准曲线计算总黄酮含量。

(三) 密度设计

采用随机区组设计，将行距固定为 65cm，将株距设计为 15cm、25cm、35cm、45cm 四个不同的密度，每个密度设三个重复小区，各小区随机区组分布。

(四) 试验材料

在 7 月乌腺金丝桃进入花期的时候对其进行采收。只取地上部分，每个株距随机取 3 个样本，将每个样本分为茎、叶、花、花蕾四个不同的部位分类采收，共得到 48 个样品。

(五) 总黄酮含量测定结果及分析

1. 不同种植密度下乌腺金丝桃茎中总黄酮含量的测定结果及分析

对茎中总黄酮含量进行分析可以得到各种植密度下茎中总黄酮含量的均值，方差分析结果显示 $F=7.3343(P<0.05)>F_{crit}=6.5913$，表明各种植密度下茎中总黄酮的含量有显著的差异。图 3-2-7 表明总黄酮在茎中的含量是有变化的，总黄酮含量随密度升高有所上升,株距 15cm 的含量高于其他密度。通过种植密度间的多重比较得出,乌腺金丝桃嫩茎中总黄酮含量在株距 15cm 与 25cm、35cm、45cm 之间差异极显著。

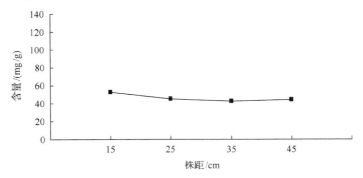

图 3-2-7 不同种植密度下乌腺金丝桃茎中总黄酮的含量

2. 不同种植密度下乌腺金丝桃叶中总黄酮含量的测定结果及分析

对叶中总黄酮含量进行分析可以得到各种植密度下叶中总黄酮含量的均值,方差分析结果显示 $F=7.8471(P<0.05)>F\mathrm{crit}=6.5914$,表明各种植密度下叶中总黄酮的含量有显著的差异。图 3-2-8 表明叶中总黄酮含量较高,而且会随着密度的升高而增加,密度为 15cm、25cm 的两个处理,含量均超过 120mg/g;最低的也超过 80mg/g,均高于茎中的含量。通过种植密度间的多重比较得出,除 35cm 与 45cm 之间差异不显著之外,其余均达到极显著差异。

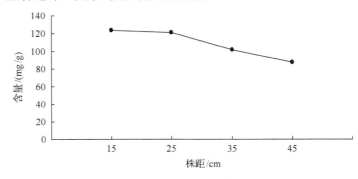

图 3-2-8 不同种植密度下乌腺金丝桃叶中总黄酮含量

3. 不同种植密度下乌腺金丝桃花中总黄酮含量的测定结果及分析

对花中总黄酮含量进行分析可以得到各种植密度下花中总黄酮含量的均值,方差分析结果显示 $F=15.7192(P<0.01)>F\mathrm{crit}=5.4095$,表明各种植密度下花中总黄酮的含量有极显著的差异。图 3-2-9 表明花中总黄酮含量在株距为 35cm 时最高、45cm 时最低,但规律性不强,不能确定其和密度的量化关系。通过种植密度间的多重比较得出,除 25cm 与 35cm 差异不显著外,其余均达极显著差异。

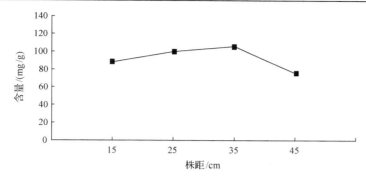

图 3-2-9　不同种植密度下乌腺金丝桃花中总黄酮含量

4. 不同种植密度下乌腺金丝桃花蕾中总黄酮含量的测定结果及分析

对花蕾中总黄酮含量进行分析可以得到各种植密度下花蕾中总黄酮含量的均值，方差分析结果显示 $F=6.1166（P<0.01）>F\text{crit}=4.7571$，表明乌腺金丝桃花蕾中的总黄酮含量受密度影响差异显著。图 3-2-10 表明花蕾中总黄酮含量在株距为 25cm 时最高、45cm 时最低，但规律性不强，与花一样，也不能确定其和密度的量化关系。种植密度间的多重比较结果显示，除 15cm 与 45cm 之间差异不显著外，其余均为极显著。

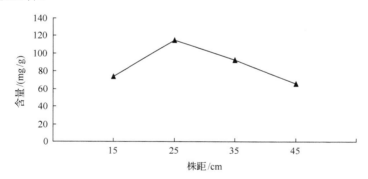

图 3-2-10　不同种植密度下乌腺金丝桃花蕾中总黄酮含量

（六）结论

1. 种植密度与不同部位中总黄酮含量的关系

在栽培过程中，密度效应是一个不可忽视的问题。本试验探讨了种植密度对乌腺金丝桃各部位中总黄酮含量的影响，结果表明，花及花蕾中总黄酮的含量与密度似乎无关系，虽然各处理间差异显著，但不能确定和种植密度的数量关系。而茎和叶中总黄酮的含量则具有一定的规律性，基本呈正比，随着种植密度的增加，含量也在提高。结合我们在另外一个地块进行的极高密度（株距 5cm）试验，2015~2016 年连续两年的数据表明，其黄酮苷（金丝桃苷）的含量是其他种植密度的 2~4 倍，差异极显著。所以，营养器官中黄酮类物质的含量会随着种植密度的提高而上升。Pawn(2004)在贯叶金丝桃的种植密度试验中发现：花中黄酮含量与种植密度无关，而其他部分则较为复杂，高密度(株、行距 20cm)和低密度(株、行距 40cm)黄酮含量均不高，只有株、行距为 30cm 含量最高。与我们的试验结果有所不同。

2. 密度效应对黄酮含量影响的原因

栽培密度对植物的影响，主要是影响了植物之间的资源竞争，如光照、二氧化碳、水分、施肥效应等(刘文婷等，2003)。有报道称银杏叶片中黄酮的含量受光合作用影响显著。淫羊藿中总黄酮的含量在强光下高，弱光下，积累量明显降低(吴成就等，2010)。李涛等(2012)的研究表明，提高种植密度，薄荷的生物量会倾向于向地下器官分配。多数研究者的研究结果表明，光照会提高黄酮类化合物的含量，Tattini 等(2004)对欧洲女贞的研究表明，太阳的辐射可以使包括槲皮苷在内的多种黄酮苷含量增加；而温度的升高会降低黄酮类化合物的含量，较低的平均温度有利于黄酮类物质的积累，主要原因是低温可以使黄酮类成分合成途径中相关酶的活性大幅度增加。Caldwell 等(2005)对矮大豆的研究结果显示，温度从 18℃升到 28℃时异黄酮含量可减少 90%。

在我们的试验中，种植密度高，黄酮类化合物含量高，但种植密度高接受光照条件会差，因此，在乌腺金丝桃次生产物代谢中，影响黄酮类化合物含量的主要因素应该不是光照强度。随着种植密度的增加，遮阴增强，从而减少了植株承受高温的机会，使其处于一个适宜的温度条件下，促进了黄酮类化合物的合成和积累。花和花蕾位于植株的顶端，接受光照最好，但并没有发现它的黄酮含量与种植密度的关联，而且花和花蕾中的含量均低于叶。因此可以这样认为：对乌腺金丝桃中黄酮类化合物合成起主导作用的是温度而不是光照。

四、伪金丝桃素的含量

伪金丝桃素是萘骈二蒽酮类化合物，是金丝桃属植物中最具代表性的活性成分之一，以贯叶金丝桃中含量最多。它是由 Brockman 等发现，于 1975 年确定其结构为羟基取代金丝桃素分子中一个甲基上的氢而生成的金丝桃素的一种衍生物，荧光检测其为一种红色素。伪金丝桃素具有明显的抗病毒、抗抑郁及抗肿瘤作用，此外已有文献报道，其对人类免疫缺陷病毒(HIV)具有抑制活性的作用，国外已完成其抗艾滋病的 II 期临床研究，对治疗恶性神经胶质瘤的临床研究也在进行中。

国内生产金丝桃属提取物的厂家普遍采用紫外-可见分光光度法进行测定，该方法测定的是金丝桃素和伪金丝桃素的总含量，对单一成分含量的测定有一定的困难。目前大多数学者对乌腺金丝桃的研究主要集中在金丝桃素、黄酮类物质及其相关的药理活性方面，而对有关伪金丝桃素方面的研究则非常少。本研究基于当前研究的不足之处,对伪金丝桃素进行了初步研究,对伪金丝桃素的提取、其在植株不同部位的含量和分离分析方法等进行了系统的考查。采用反相高效液相色谱法对乌腺金丝桃植株的花、茎、叶、花蕾四个部位中伪金丝桃素的含量进行了分析和对比研究,同时还考查了种植密度对乌腺金丝桃中伪金丝桃素含量的影响,该研究可以填补现有的研究空白,进一步完善金丝桃属植物的化学成分研究,为后期的药理研究做好铺垫,为乌腺金丝桃的人工栽培和进一步的药材资源开发提供依据,也为相关药物的问世提供可能。

(一) 试验方法

1. 样品溶液的制备

7月乌腺金丝桃进入花期时对其进行采收,按种植株距为15cm、25cm、35cm、45cm 随机取3个平行的样本,将每个样本分为茎、叶、花、花蕾4个不同的部位分类采摘。将采集的48个样品放入60℃恒温干燥箱干燥至恒重。取各样品粉碎,过60目筛,精密称量样品1.0g,分别置于50ml具塞锥形瓶中,加入30ml 80%乙醇,60℃下以250W的功率超声波辅助提取30min,抽滤,将滤液在减压下浓缩,然后将浸膏用甲醇定容到10ml,用0.45μm聚四氟乙烯(polytetrafluoroethylene, PTEF)微孔滤膜过滤后,4℃存储,备用。

2. 线性关系的测定

精密称取伪金丝桃素对照品1.0mg,置于5ml棕色容量瓶中,加适量甲醇后超声辅助溶解并定容,得0.2mg/ml对照品储备液。取该储备液1ml稀释至10ml,得20μg/ml对照品溶液。利用高效液相色谱[色谱柱 Symmetry-C_{18}(150mm×4.6mm,5μm),流动相为甲醇-0.006mol/L 磷酸氢二钠(用磷酸调 pH 至 6.5),按 1~3min 0~87.5%、3.01~25min 87.5%的梯度,检测波长为590nm,流速为0.8ml/min,柱温为30℃]进行测定。伪金丝桃素对照品进样量分别为2μl、5μl、10μl、15μl、20μl,进行线性考查,所有对照品溶液进样前均由0.45μm PTEF 微孔滤膜过滤。以峰面积 y 为纵坐标,伪金丝桃素的浓度 x 为横坐标,进行线性回归分析。

3. 含量测定

按"1. 样品溶液的制备"所描述的方法进行样品的制备,进样前对花、茎、叶、花蕾4个部位的提取液分别用甲醇稀释15倍、20倍、25倍、12倍,经 PTEF 微孔滤膜过滤,取10μl进样,对相同株距下的花、茎、叶、花蕾4个部位中伪金丝桃素的含量进行测定和比较。

4. 精密度试验

取上述对照品溶液重复进样5次,每次进样量为10μl,测定伪金丝桃素的峰面积,计算5次峰面积的 RSD 为 0.25%(n=5)。

5. 稳定性试验

将超声提取的样品溶液在室温下分别放置 0h、5h、10h、24h，分别进样 10μl，测定茎、叶、花、花蕾 4 个部位伪金丝桃素的峰面积，计算得出 4 个部位 RSD 分别为 1.6%、1.5%、1.6%、1.4%(n=4)。试验结果表明，提取液中伪金丝桃素供试品溶液 24h 内基本稳定。

(二) 结果与讨论

1. 检测波长的选择

将对照品溶液在 190～760nm 进行扫描，发现伪金丝桃素在 590nm 处有最大吸收，且杂质干扰少，因此选用 590nm 作为检测波长。

2. 滤膜的选择

在提取过滤中发现普通的尼龙微孔滤膜对伪金丝桃素有非常强的吸附作用，之后采用 0.45μm PTEF 微孔滤膜过滤，吸附作用极小。

3. 流动相及洗脱程序的选择

分别采用甲醇–0.2%磷酸(40∶60, V/V)和甲醇–磷酸盐缓冲溶液(65∶35, V/V, pH 6.0)作为流动相体系进行伪金丝桃素的分离，但伪金丝桃素均未能得到良好洗脱和分离，效果不理想。经过对色谱分离条件的不断考查和优化，最终确定以甲醇–0.006mol/L 磷酸氢二钠(pH 6.5)作为流动相体系，按照 1～3min 0～87.5%、3.01～25min 87.5%的梯度程序进行洗脱，伪金丝桃素对照品和乌腺金丝桃提取液的高效液相色谱图如图 3-2-11 所示。由图 3-2-11 可知，在此优化色谱条件下伪金丝桃素的色谱峰展开很窄，对称度高且与其共存杂质得到了良好的分离。标准性方程为 y(峰面积)= 3823.34x − 678.84，其中 R^2 = 0.9999。表明伪金丝桃素浓度在 4～40μg/ml 与峰面积线性关系良好。

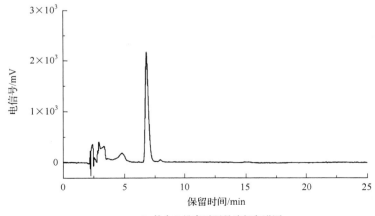

A. 伪金丝桃素对照品液相色谱图

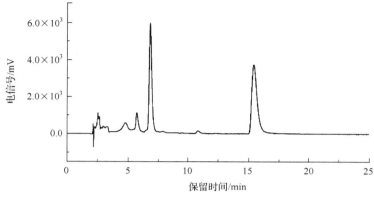

B. 乌腺金丝桃提取液对应液相色谱图

图 3-2-11 高效液相色谱图

4. 提取方法与时间的选择

采用甲醇作为提取溶剂，以伪金丝桃素提取率作为研究指标，对热回流法和超声辅助法两种提取技术进行了研究和对比。结果表明，超声辅助法操作简便且提取率高，明显优于热回流法。此外，实验中作者发现伪金丝桃素在甲醇中的溶解度不高，经优化将超声时间确定为 1h，此条件下可获得较佳的提取率。

（三）样品分析

1. 不同种植密度下乌腺金丝桃中伪金丝桃素含量分析

1) 花中伪金丝桃素含量分析

对乌腺金丝桃花中伪金丝桃素含量数据进行分析可以得到各种植密度下的均值，如图 3-2-12 所示。由图 3-2-12 可以看出，伪金丝桃素的含量因种植密度的不同会有一定的变化，其中种植株距为 15cm、25cm 和 35cm 时含量非常接近且相对较低，45cm 时较高。

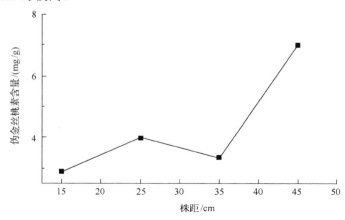

图 3-2-12 不同株距下花中伪金丝桃素含量

2）花蕾中伪金丝桃素含量分析

对乌腺金丝桃花蕾中伪金丝桃素含量数据进行比较分析，结果如图 3-2-13 所示。由图 3-2-13 可以看出，伪金丝桃素的含量因种植密度的不同而存在明显的差异，其中种植株距为 45cm 时含量最高，其他三个株距下伪金丝桃素含量的变化不大。

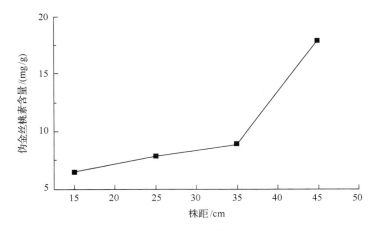

图 3-2-13　不同株距下花蕾中伪金丝桃素含量

3）茎中伪金丝桃素含量分析

对不同种植密度下乌腺金丝桃茎中伪金丝桃素含量进行检测对比，结果如图 3-2-14 所示。由图 3-2-14 可以看出，株距为 15cm 时含量最低，45cm 时含量最高。

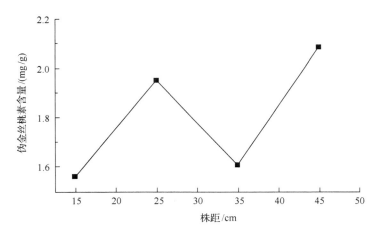

图 3-2-14　不同株距下茎中伪金丝桃素量

4）叶中伪金丝桃素含量分析

对不同种植密度下乌腺金丝桃叶中伪金丝桃素含量进行检测对比，结果如

图 3-2-15 所示。由图 3-2-15 可以看出，植株距为 45cm 时含量最高，15cm、25cm 和 35cm 时含量变化不大。

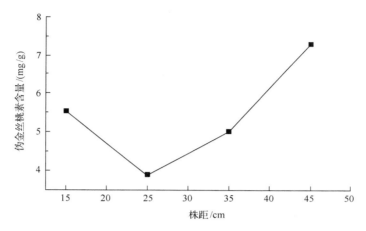

图 3-2-15　不同株距下叶中伪金丝桃素含量

通过对试验数据的分析可知，种植密度对乌腺金丝桃中伪金丝桃素的含量存在影响，花、叶、花蕾、茎中含量最高的种植密度为 45cm。应选择 45cm 的种植密度。

2. 同一种植密度下不同部位中伪金丝桃素含量的分析

按照"（一）试验方法"中"3. 含量测定"项的方法，对提取的伪金丝桃素含量进行分析，结果表明不同部位伪金丝桃素的含量不同，高低顺序为花蕾＞叶＞花＞茎，具体结果见表 3-2-3。

表 3-2-3　25cm 种植株距下乌腺金丝桃不同部位伪金丝桃素的含量

部位	取样量/g	含量/(mg/g)
花	0.9999	3.999±0.0536
茎	1.0003	1.969±0.0241
叶	0.9999	4.365±0.0896
花蕾	1.0020	7.578±0.1021

3. 相同种植密度下不同部位中伪金丝桃素含量分析

如图 3-2-16 所示，在 15cm 的株距下叶和花蕾的伪金丝桃素含量较高，茎和花的含量较低；在 25cm 的株距下花蕾含量最高，茎含量最低，花和叶含量居中且相互之间差异不大；在 35cm 的株距下茎、花、叶、花蕾的含量依次增高；45cm 的株距所测含量结果变化趋势与 25cm 时非常相似，但其含量要高于 25cm。

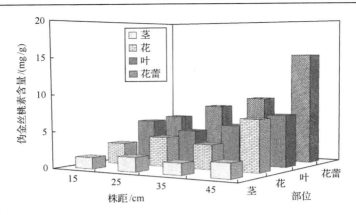

图 3-2-16 不同株距下乌腺金丝桃茎、花、花蕾、叶中伪金丝桃素的含量

4. 不同种植密度、不同部位中伪金丝桃素含量的方差分析

将乌腺金丝桃不同种植密度及不同部位中伪金丝桃素的含量数据进行方差分析，结果显示 $F=35.04(P<0.01)$，表明不同植密度及不同部位中伪金丝桃素的含量有极显著的差异，结果见表 3-2-4。

表 3-2-4 乌腺金丝桃不同部位中伪金丝桃素含量的方差分析

差异源	SS	df	MS	F	P	Fcrit
组间	1193.39	3	397.79	35.04	2.27×10^{-16}	2.68
组内	1373.77	121	11.35			
总计	2567.16	124				

伪金丝桃素是一种良好的光敏剂，因此在提取、测定及保存过程中应注意避光，可以用棕色瓶储存或用纸包裹。另外，由于所用的溶剂甲醇有较强的挥发性，因此在实验操作过程中应避免由于溶剂挥发而带来的影响。

五、乌腺金丝桃 HPLC 指纹图谱研究

中药指纹图谱能比较全面地反映特定类别中药所含化学成分的整体特征，具有整体性和唯一性的特点，故可以很好地用于中药材的质量控制。高效液相色谱法具有不受样品挥发度和热稳定性的限制、适用范围广（非挥发性成分）等特点，已成为构建中药指纹图谱最主要和最常用的方法。

（一）仪器与材料

1. 仪器

高效液相色谱仪（日本岛津，LC-20AT）；电子天平（梅特勒，XL-204）；超纯水仪（MILLIPORE，Direct-Q）；电热鼓风干燥箱（上海，DHG-9035A）；超声波清洗仪（昆山，SY-360）；旋转蒸发仪（上海爱朗，EYELA）；循环水式真空泵（上海

豫康,SHB-ⅢA);高速冷冻离心机(上海安亭,TGL-16-AR)。

2. 材料

乌腺金丝桃地上全草采集于吉林省吉林农业科技学院左家校区植物试验基地,50℃鼓风干燥,粉碎,过40目筛,备用。

金丝桃素标品;甲醇、磷酸、磷酸氢二钠(均为分析纯);甲醇(色谱纯)。

(二)测试方法

1. 色谱条件

shim-pack VP-ODSC$_{18}$色谱柱(4.6mm×150mm,5μm);流动相:甲醇(A相)、磷酸氢二钠(B相,磷酸调pH 6.5);梯度洗脱程序如表3-2-5所示;流速:0.6ml/min;检测波长分段:在不同保留时间(min)(0~10、10~16、16~40、40~45、45~55、55~58、58~59.5、59.5~62、62~64、64~70、70~80),分别采用不同的波长(nm)(260、324、260、324、408、588、324、408、588、408、260)进行检测;柱温:40℃;分析时间:80min;进样量:10μl。

表3-2-5　乌腺金丝桃HPLC指纹图谱洗脱的梯度程序

运行时间/min	A相/%	B相/%	运行时间/min	A相/%	B相/%
0	5	95	40	70	30
6	5	95	60	100	0
9	25	75	70	100	0
35	50	50	80	100	0

2. 对照品溶液的制备

精密称取金丝桃素对照品,用甲醇溶解稀释至0.01mg/ml的溶液。

3. 样品溶液的制备

精确称定样品0.3g,用30ml甲醇浸泡30min,超声提取30min,过滤,滤渣用15ml甲醇超声提取30min,滤液并入容量瓶,定容至50ml。取2ml于离心管中,在6000r/min条件下离心10min,取上清液,低温避光保存,备用。

4. 测定

分别量取对照品溶液、样品溶液1ml,用0.45μm PTEF微孔滤膜过滤,精密吸取对照品和供试品各10μl,按照上述色谱条件进样,记录色谱图。

(三)方法学考查

1. 精密度试验

取金丝桃素标准品溶液,连续测试5次,测得峰面积,计算其峰面积的RSD<1.0%。取药材样品,按"(二)测试方法"项下"3.样品溶液的制备"制备,连

续进样 5 次，检测指纹图谱，结果表明主要色谱峰峰面积的 RSD＜2.0%。结果符合指纹图谱的要求，表明高效液相色谱仪精密度良好，可以进行相关试验的测定。

2. 稳定性试验

取药材样品，按"(二)测试方法"项下"3.样品溶液的制备"制备，分别在 0h、2h、4h、6h、10h 检测指纹图谱，结果表明各主要色谱峰相对保留时间和峰面积的比值基本一致，相对保留时间和峰面积的 RSD 均小于 3.0%，说明供试品溶液在 10h 内稳定。

3. 重复性试验

取药材样品，按"(二)测试方法"项下"3.样品溶液的制备"制备 5 份供试品溶液，检测指纹图谱，结果表明主要色谱峰峰面积的 RSD＜3.0%，表明试验具有很好的重现性。

4. 样品测定

取 10 批次药材样品，分别按"(二)测试方法"项下"3.样品溶液的制备"制备供试品溶液，记录 80min 色谱图，得出各峰保留时间和峰面积，标定其共有峰，结果表明共有 24 个共有峰。以金丝桃素参照物峰的相对峰面积为 1，计算各共有峰面积的比值，然后确定 10 批次的 24 个共有峰相对峰面积的平均值。表 3-2-6 表明，各批次样品的共有峰保留时间比较接近，偏差较小，其相对标准偏差(RSD)在 0.03%～0.75%；保留时间分布在 3～75min；相对峰面积为 0.003～1，相差较大。

表 3-2-6　乌腺金丝桃 HPLC 指纹图谱共有峰的保留时间和相对峰面积

共有峰序号	相对保留时间平均值/min	相对保留时间 RSD/%	相对峰面积	共有峰序号	相对保留时间平均值/min	相对保留时间 RSD/%	相对峰面积
1	3.021 3	0.27	0.028 385	13	45.122 4	0.03	0.006 403
2	3.582 6	0.36	0.145 786	14	49.557 2	0.04	0.005 637
3	16.073	0.11	0.284 24	15	52.679 1	0.09	0.003 069
4	17.398	0.33	0.102 923	16	56.067 6	0.04	0.007 127
5	17.790	0.39	0.180 262	17	57.535 3	0.05	0.258 512
6	19.810	0.15	0.046 042	18	59.058 3	0.03	0.038 098
7	20.646	0.32	0.094 059	19	62.627 9	0.04	0.181 63
8	22.559	0.35	0.091 193	20	64.624 9	0.33	0.010 065
9	23.998	0.32	0.070 636	21	67.073 3	0.07	0.084 64
10	33.634	0.34	1	22	68.800 4	0.75	0.012 3
11	36.669	0.31	0.035 304	23	71.167 3	0.09	0.093 922
12	41.381	0.22	0.037 452	24	74.911 0	0.71	0.039 842

5. 指纹图谱相似度评价

随机抽取 4 个批次的样品进行指纹图谱相似度的评价,结果见表 3-2-7。结果表明,进行比较的 4 个样品的相似度较高,说明乌腺金丝桃各样品之间有较好的相关性,也进一步证明方法的稳定性和样品品质基本一致。

表 3-2-7 指纹图谱相似度评价结果

	S1	S2	S3	S4	对照指纹图谱
S1	1	0.987	0.806	0.983	0.986
S2	0.987	1	0.871	0.966	0.996
S3	0.806	0.871	1	0.752	0.887
S4	0.983	0.966	0.752	1	0.968
对照指纹图谱	0.986	0.996	0.887	0.968	1

(四)乌腺金丝桃指纹图谱的建立

根据以上数据的分析和综合判定,建立了乌腺金丝桃的 HPLC 的中药指纹图谱,见图 3-2-17。图 3-2-17 表明,乌腺金丝桃的 HPLC 的中药指纹图谱具有 24 个共有峰,可大致分成 A、B、C 三个区域,其中 A 区包括 1~9 号共有峰,其保留时间在 1~25min;B 区包括 10~15 号共有峰,其保留时间在 25~50min;C 区包括 16~24 号共有峰,其保留时间在 50~75min。最大面积的峰位于保留时间 30min 左右的第 10 号峰,也就是作为参照物的金丝桃素的峰。

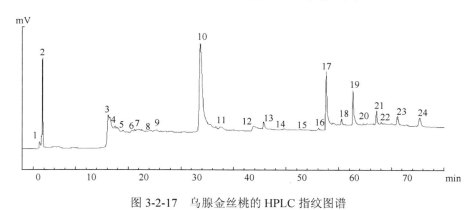

图 3-2-17 乌腺金丝桃的 HPLC 指纹图谱

1. 指纹图谱相似度评价

采用中药指纹图谱相似度计算软件进行数据分析处理,即将测试数据导入中药指纹图谱相似度计算软件,经选峰,设定匹配模板,将谱峰自动匹配,然后设定标准模板,进行谱峰差异性评价和整体相似性评价。并根据所选参照指纹图谱及样品图谱的共有模式,建立共有指纹图谱。

随机抽取了 4 个样品,利用相似度计算软件,进行了图谱峰匹配数目及共有峰面积的模拟计算,结果见表 3-2-8,结果表明,匹配数目为 3 的样品峰为 14 个,匹配数目为 4 的样品峰有 16 个,因此,确定在此软件获得的共有峰可确定为 16 个。

表 3-2-8　相似度计算软件下的各个批次图谱峰匹配数目

编号	保留时间/min	S1	S2	S3	S4	对照指纹图谱	匹配数目
1	3.019	88 798.06	86 058.55	192 839.5	115 884.8	120 895.23	4
2	3.386	0	86 366.38	683 725.9	118 510.3	222 150.633	3
3	3.642	1 378 395	755 139.7	290 423.5	1 069 912	873 467.32	4
4	4.15	1 231.885	1 890.492	0	2 148.341	1 317.68	3
5	5.762	45 913.03	6 988.051	800 423.6	33 845.54	221 792.561	4
6	6.794	67 838.19	15 356.5	0	66 826.63	37 505.331	3
7	10.08	11 531.9	10 069.65	0	3 392.043	6 248.4	3
8	16.083	1 357 341	767 957.9	96 722.37	1 511 452	933 368.482	4
9	16.419	1 605 995	1 091 023	0	2 426 782	1 280 949.969	3
10	17.389	526 944.8	342 020.6	0	887 222.4	439 046.922	3
11	17.841	783 433.6	328 680.6	0	1 277 513	597 406.797	3
12	18.958	155 823.7	0	17 100.21	248 184.1	105 276.982	3
13	21.105	63 461.04	48 815.82	0	70 082.62	45 589.868	3
14	21.823	15 578.59	12 766.18	95 827.73	16 754.49	35 231.75	4
15	22.414	178 725.8	118 525.5	0	144 765.1	110 504.1	3
16	23.927	23 787.68	22 288.09	31 926.69	19 206.54	24 302.248	4
17	24.958	24 387.47	30 210.31	0	57 103.23	27 925.253	3
18	28.094	25 780.97	55 927.99	0	35 156.85	29 216.453	3
19	33.464	3 634 328	2 895 168	4 066 270	3 895 081	3 622 711.813	4
20	35.419	41 677.96	30 710.46	22 520.19	50 866.38	36 443.747	4
21	36.586	41 403.28	27 536.66	9 736.334	37 021.5	28 924.442	4
22	37.269	195 536	127 174.2	88 856.02	215 418.6	156 746.186	4
23	43.469	387 713.8	258 377.3	473 873.6	470 359.3	397 581.008	4
24	45.667	77 240.46	71 654.64	172 714.8	120 027.4	110 409.326	4
25	55.909	39 940.71	27 235.62	56 013.55	29 753.33	38 235.803	4
26	57.37	444 462.5	464 594.5	790 908.3	440 934.6	535 224.961	4
27	60.322	82 502.29	21 831.87	22 295.21	84 031.11	52 665.122	4
28	61.003	6 063.126	0	2 640.714	10 567.61	4 817.863	3
29	62.483	255 281.7	162 542.6	209 593.2	271 384	224 700.363	4
30	66.936	66 169.62	0	1 496.172	63 401.25	32 766.761	3

2. 相似度计算软件下的指纹图谱的建立

根据上述模拟软件的模拟数据和图谱分析及判定,构建了相似度计算软件下建立的指纹图谱,见图 3-2-18。结果表明,其共有峰为 16 个,与表 3-2-8 的数据分析结果互相印证,也具有较高的参考价值。

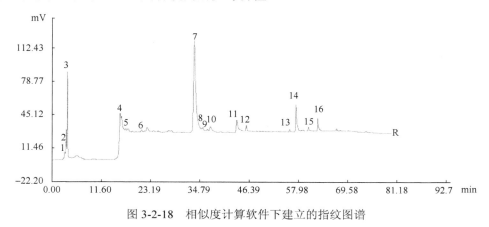

图 3-2-18 相似度计算软件下建立的指纹图谱

(五)讨论

1. 检测条件的确定

1)检测波长的选择

各成分的最大吸收波长不尽相同,金丝桃素、金丝桃苷等物质的最大吸收在 580nm、260nm 左右,若采用单一波长检测,则中药材中的有些成分不能被体现出来,从而将影响中药指纹图谱的建立及代表性。所以为了在一张图谱中能更好地反映乌腺金丝桃的特征峰,特在不同保留时间(min)(0~10、10~16、16~40、40~45、45~55、55~58、58~59.5、59.5~62、62~64、64~70、70~80)分别采用不同的波长(nm)(260、324、260、324、408、588、324、408、588、408、260)进行检测。

2)流动相的选择

分别考查了乙腈-1%磷酸、甲醇-1%磷酸为流动相时供试品的分离效果。同一条件下甲醇较乙腈的分离效果好。从峰形来看,甲醇-1%磷酸的峰形尖锐,而乙腈-1%磷酸的峰形较宽且有拖尾,均不能检测到金丝桃素和伪金丝桃素。因此,采用甲醇(A 相)和 6mmol/L 磷酸氢二钠(磷酸调 pH 6.5 B 相)为流动相梯度洗脱,经优化得到较好的分离效果。

3)柱温的选择

分别采用 25℃、30℃、35℃、40℃的柱温对供试品进行分析。随温度升高,保留时间缩短,峰形分离效果更好。因此,采用 40℃作为柱温。

4)参照物的选择

乌腺金丝桃的主要有效成分为金丝桃素,其含量较高、较稳定且易得,因此,本实验选其作为参照物。

2. 提取方法的选择

分别采用甲醇超声提取法和乙醇水浴提取法，其中甲醇提取较稳定，而乙醇提取其图谱峰不稳定，故采用甲醇超声提取法制备供试品溶液。金丝桃素是萘并二蒽酮衍生物，具有光敏活性，在光照条件下易分解，所以在实际操作过程中应避光，而且提取温度不宜过高。

3. 指纹图谱峰的建立

实验中关于乌腺金丝桃指纹图谱的建立，采用了两种方法，第一种方法采取了 10 批次样品在 HPLC 下共有模式相对保留时间和相对保留面积，通过相对保留时间的 RSD 的计算和比较，来确定乌腺金丝桃的指纹图谱的共有峰，建立了 24 个共有峰的乌腺金丝桃指纹图谱。

第二种方法采用了中药指纹图谱相似度计算软件进行数据分析处理，确定了乌腺金丝桃指纹图谱的共有峰，共得到 30 个峰，其中匹配数目为 4 的可以确定为共有峰（16 个），匹配数目为 3 的确定为变异峰（14 个），其中共有峰率为 53.33%，变异峰率为 46.67%。从而建立了 16 个共有峰的乌腺金丝桃指纹图谱。

比较两种方法，HPLC 指纹图谱比较直接和直观地反映物质群的特征，而相似度评价系统具有计算机软件的精确性和准确性。因此，两者可以互补，相互印证，为中药指纹图谱的建立提供了更多的依据，因此，本实验采取两种方法确定指纹图谱共有峰（分别为 24 个、16 个），从而构建了乌腺金丝桃的指纹图谱。

参 考 文 献

曹纬国, 刘志勤, 邵云, 等. 2003. 黄酮类化合物药理作用的研究进展. 西北植物学报, 37(53): 2241-2247.

高彦宇. 2008. 乌腺金丝桃对缺血性心脏病模型动物的药效物质基础及作用机理的研究. 哈尔滨: 黑龙江中医药大学博士学位论文.

杭悦宇, 吕晔, 周义锋, 等. 2002. 贯叶连翘野生转家化前后生物学性状特征观察. 植物资源与环境学报, 11(3): 20-23.

胡然, 库宝善, 张永鹤. 2004. 人类免疫缺陷病毒与疱疹病毒感染具有相关性. 生理科学进展, 35(1): 63-65.

柯宇辉, 姜南翔, 侯爽, 等. 2016. 栽培密度对乌腺金丝桃地上部分生物量及形态变化的影响. 中药材, 39(1): 21-23.

李涛, 刘玉军, 白红彤, 等. 2012. 栽培密度对薄荷生长策略和光合特性的影响. 植物生理学报, 48(9): 895-899.

刘文婷, 梁宗锁, 付亮亮, 等. 2003. 种植密度对丹参产量和有效成分含量的影响. 现代中药研究与实践, 17(4): 14-17.

马铭泽, 高雪飞, 刘灵娣, 等. 2016. 种植密度对菊花产量和有效成分含量的影响. 安徽农业科学, 44(14): 175-176.

马育轩, 王艳丽, 周海纯, 等. 2012. 乌腺金丝桃的化学成分及药理作用研究进展. 中医药学报, 6: 125-126.

毛红胜, 蒋永红. 2001. 高效液相色谱法测定贯叶金丝桃中金丝桃素和伪金丝桃素的含量. 山西医科大学学报, 32(4): 313-314.

孟祥丽, 刘娟, 陆叶, 等. 2003. 黑龙江省两种金丝桃属植物理化鉴别. 黑龙江医药科学, 26(5): 42-43.

蒲秀英, 梁剑平, 许涛, 等. 2008. 金丝桃素体外抗高致病性猪生殖与呼吸综合征病毒活性的研究. 中国兽医科学, 9: 810-815.

施正福, 范焱. 2000. 贯叶金丝桃的药理作用研究进展. 中国现代应用药学杂志, 17(3): 190-193.
孙瑶. 2006. 金丝桃素新制剂抗口蹄疫病毒的试验研究及金丝桃素的化学合成. 北京: 中国农业科学院硕士学位论文.
王永刚, 吴忠, 魏凤环, 等. 2003. 中药指纹图谱研究的现状与未来. 中药材, 26(11): 820.
吴成就, 伍贤进, 刘选明, 等. 2010. 药用植物光合作用的研究. 生命科学研究, 14(5): 467.
吴建铭, 祝建, 夏春镗, 等. 2007. 贯叶连翘中金丝桃素的合成与积累研究进展. 热带亚热带植物学报, 15(3): 263-268.
吴玉香, 王汉琪, 连彦, 等. 2016. 不同栽植密度对太子参产量及有效成分的影响. 江苏林业科技, 43(4): 18-21.
谢培山. 2001. 中药色谱指纹图谱鉴别的概念、属性、技术与应用. 中国中药杂志, 26(10): 653.
杨得坡, 甘良春, 胡海燕. 2004. 国外对贯叶连翘抗抑郁疗效的临床验证. 中西医结合学报, 2(3): 231-238.
张爱军, 徐多多, 张喜, 等. 2012. 紫外可见分光光度法测定乌腺金丝桃中总黄酮的含量. 吉林医药, 32(11): 1148-1149.
张俊松, 王晓利, 罗谦, 等. 2006. HPLC 测定贯叶连翘及提取物中伪金丝桃素和金丝桃苷的含量. 中成药, 28(5): 709-712.
张克勤, 蒋丽, 张俊杰, 等. 2012. 金丝桃素抗鸡球虫效果观察. 湖北农业科学, 19: 4316-4320.
张喜. 2011. 乌腺金丝桃中金丝桃素的含量测定及提取纯化金丝桃素的工艺研究. 长春: 吉林大学硕士学位论文.
赵晓虹. 2006. 金丝桃素新制剂在体外抗 AIV 的研究. 兰州: 甘肃农业大学硕士学位论文.
赵玉佳, 孟祥丽, 丁禄荣, 等. 2010. 不同采收期不同药用部位对长柱金丝桃中总黄酮含量的影响. 中国实验方剂学杂志, 16(10): 76-77.
中华人民共和国药典委员会. 2010. 中华人民共和国药典. 北京: 中国医药科技出版社: 160.
Caldwell CR, Brits SJ, Mirecki RM. 2005. Effect of temperature, elevated carbon dioxide, and drought during seed development on the isoflavone content of dwarf soybean[*Glycine max* (L.) Merrill]grown in controlled environments. J Agric Food Chem, 53 (4): 1125-1129.
Pawn A. 2004. 栽培密度对贯叶金丝桃生长和活性成分含量的影响. PacM Pecvpcbr, 40(3): 36-42.
Tattini M, Galardi C, Pinelli P, et al. 2004. Differential accumulation of flvonoids and hydroxycinnamates in leaves of *Ligustrum vulgare* under excess light and drought stress. New Phytol, 163(3): 547-561.

第四章 乌腺金丝桃的功能及应用研究

乌腺金丝桃在民间有2400余年的用药历史，主要有解毒消炎、止血生肌、调经活血等功效。

《全国中草药汇编》中对乌腺金丝桃作用载有：味苦，性平。可止血、镇痛、通乳。主治咯血、吐血、子宫出血、风湿关节痛、神经痛、跌打损伤、乳汁缺乏、乳腺炎；外用治创伤出血、痈疖肿毒。乌腺金丝桃用量3~5钱①。外用时适量鲜草捣烂或干粉撒敷患处。

《南充常用中草药》中载有治烫火伤附方：治烫火伤赶山鞭研粉，调麻油涂患处。

《广西民族药简编》中载有治多汗症附方：赶山鞭60g，水煎服。

《中药大辞典》载其味苦，性平，可止血、镇痛、通乳。治咯血、吐血、子宫出血、风湿关节痛、神经痛、跌打损伤、乳汁缺乏、乳腺炎、创伤出血、疔疮肿毒。

东北地区民间将乌腺金丝桃称作稳心草，将其晒干代茶作为饮料用于治疗心脏病。

第一节 乌腺金丝桃防治心脏疾病的功能

一、抗心律失常作用研究

研究者采用氯化钙、氯仿建立小鼠心律失常模型，观察乌腺金丝桃提取物对氯化钙所致心律失常小鼠心电图的影响，观察其对氯仿所致心律失常小鼠室颤发生率的作用时发现：乌腺金丝桃提取物能够显著延长氯化钙所致小鼠心律失常出现时间，缩短心律失常持续时间，并能够显著降低氯仿诱发的小鼠室颤发生率。表明乌腺金丝桃提取物对氯化钙、氯仿所致心律失常小鼠具有较好的保护作用。

对大鼠心律失常模型动物药效学研究结果表明，乌腺金丝桃总黄酮成分可拮抗氯化钙致大鼠心律失常；在离体大鼠心脏功能试验中，总黄酮成分可提高离体心脏心肌收缩力，减慢离体心脏心率，使心律更加稳定规整。乌腺金丝桃正丁醇萃取物能够延长乌头碱、氯化钙诱发的大鼠快速型心律失常的出现时间，缩短心律失常持续时间。乌腺金丝桃正丁醇萃取物中的芦丁与金丝桃苷被认为是乌腺金丝桃抗快速型心律失常的有效成分，其中金丝桃苷作用明显，被确定为乌腺金丝

---

① 1钱=5g。

桃抗快速型心律失常的物质基础之一。已有研究表明，从乌腺金丝桃中分离的有效化合物金丝桃苷能够提高氯仿、四氯化碳所致快速型心律失常大鼠心肌细胞膜的 Na^+/K^+-ATP 酶及 Ca^{2+}/Mg^{2+}-ATP 酶的活力，表明乌腺金丝桃抗快速型心律失常的作用机制可能与调节心肌细胞膜 Ca^{2+}/Mg^{2+}-ATP 酶、Na^+/K^+-ATP 酶活力有关。

研究观察乌腺金丝桃提取物对大鼠离体心脏心功能的直接影响时，应用 Langendorff 系统进行大鼠离体心脏灌注，用 Medlab 生物信号采集处理系统测定大鼠离体心脏生理参数，左室收缩压(LVSP)、左室舒张期末压(LVEDP)、左室内压上升速率最大值($+dP/dt_{max}$)及下降速率最大值($-dP/dt_{max}$)和心率(HR)的变化情况，结果发现乌腺金丝桃提取物可以提高大鼠离体心脏的 LVSP、增加 $\pm dP/dt_{max}$、降低 LVEDP。表明乌腺金丝桃具有改善心脏收缩与舒张功能、改善心肌顺应性、减慢心率并使心率趋向稳定规整的作用。

二、抗心肌缺血及保护心肌细胞作用研究

采用异丙肾上腺素建立小鼠心肌缺血模型，通过常压耐缺氧实验，检测乌腺金丝桃提取物对小鼠心肌缺血损伤后耐缺氧存活时间的影响，实验结果显示：乌腺金丝桃提取物能够显著延长异丙肾上腺素所致小鼠心肌缺血损伤后耐缺氧存活时间。表明乌腺金丝桃提取物对异丙肾上腺素所致小鼠心肌缺血具有抵抗作用。

电镜观察心肌缺血模型组大鼠心肌细胞超微结构显示，大鼠心肌细胞线粒体水肿，嵴断裂消失，线粒体间糖原颗粒消失；肌节紊乱、断裂、溶解，细胞核肿胀空亮，核染色欠均匀。乌腺金丝桃总黄酮成分干预后，大鼠心肌细胞水肿减轻，线粒体肿胀减轻，嵴断裂不明显，有线粒体轻度肿胀，有少许心肌肌丝撕裂，局部溶解，线粒体间糖原颗粒减少，细胞核无变化，细胞形态接近正常。乌腺金丝桃总黄酮成分可抑制和阻断细胞凋亡的发生，从而减轻细胞凋亡对心肌的损伤。从分子水平说明了该类成分防治缺血性心脏病心肌损伤的作用机制。

垂体后叶素致大鼠心肌缺血及冠状动脉结扎实验结果表明，富含黄酮成分组能明显提高心肌缺血大鼠血清超氧化物歧化酶(SOD)活性，减少过氧化物丙二醛(MDA)生成，增强抗超氧阴离子自由基活性，减轻脂质过氧化作用，稳定细胞膜，降低肌酸激酶同工酶(CK-MB)和乳酸脱氢酶(LDH)活性，这可能是乌腺金丝桃部分抗心肌缺血、保护心肌细胞的机制之一。

三、对心肌离子通道作用的研究

应用全细胞膜片钳技术，观察乌腺金丝桃总黄酮成分对大鼠心肌细胞心律失常模型内向整流钾电流(IK1)密度峰值、I-V 曲线的影响过程，从研究过程中发现乌头碱使正常心肌细胞内向电流钾电流密度峰值降低，I-V 曲线内向部分明显上移；乌腺金丝桃总黄酮类成分可使心律失常模型细胞内向电流钾电流密度峰值升高，I-V 曲线内向部分明显下移。该实验表明乌腺金丝桃总黄酮对乌头碱致不同去极化水平

的模型细胞内向电流钾电流减弱有非常明显的恢复作用,其抗心律失常的机制可能与心肌细胞内向整流钾电流增强有关。

四、乌腺金丝桃配伍传统中药对心脏的影响

实验采用异丙肾上腺素建立小鼠心肌缺血模型,将小鼠随机分为 8 组:乌腺金丝桃提取物组、丹参提取物组、乌腺金丝桃和丹参的配伍组(1∶1、1∶2、2∶1)、模型组、空白对照组和阳性对照组。通过测定常压耐缺氧实验中各组小鼠心肌缺血损伤后的存活时间,检测各组小鼠血清中的磷酸肌酸激酶(CK)、乳酸脱氢酶(LDH)水平,并检测小鼠心肌组织中超氧化物歧化酶(SOD)、丙二醛(MDA)含量的变化。实验结果表明,等剂量实验条件下与单味药比较,乌腺金丝桃与丹参的配伍比例 1∶2 组对心肌缺血小鼠具有最为明显的保护作用。

在总药量及给药方法和剂量相同,且其他实验条件相同的情况下,乌腺金丝桃和丹参 1∶2 配伍提取物抗实验性快速型心律失常作用优于单味药组和其他比例。其作用机制可能与其能显著降低大鼠血清超敏 C 反应蛋白(hs-CRP)和内源性洋地黄因子(EDLF)含量、升高大鼠血清 Na^+/K^+-ATP 酶和 Ca^{2+}/Mg^{2+}-ATP 酶含量,以及增加大鼠心脏组织 Cx43 蛋白表达有关。

乌腺金丝桃与黄芪配伍 1∶1 和 1∶2 组与模型组相比均能明显降低心肌缺血再灌注损伤(MIRI)大鼠模型血清 CK 含量及缩小心肌梗死面积。其中 1∶2 组可明显改善心肌病理形态,并可显著减少心肌细胞凋亡。说明乌腺金丝桃与黄芪配伍 1∶2 组可明显减轻心肌缺血再灌注后心肌细胞的损伤。乌腺金丝桃与黄芪配伍 1∶2 组与模型组相比,可以显著降低 MIRI 大鼠模型血清 MDA 的含量,1∶1 和 1∶2 组均能增强 SOD 的活力,说明乌腺金丝桃与黄芪配伍 1∶2 组抗心肌缺血再灌注损伤的作用机制可能与其抑制脂质过氧化反应、提高抗氧化能力有关。乌腺金丝桃与黄芪配伍 1∶2 组与模型组相比,能明显下调 MIRI 大鼠心肌组织半胱氨酸天冬氨酸蛋白酶-3(caspase-3)、肿瘤坏死因子-α(TNF-α)的蛋白质及 mRNA 水平表达,其作用机制可能与其改善大鼠心肌细胞凋亡现象有关。乌腺金丝桃与黄芪配伍 1∶2 组与模型组相比,可提高 MIRI 大鼠心肌组织 HSP70 的表达,并且减弱 NF-κB p65 活化,提高 HSP70 mRNA 表达水平,抑制 NF-κB p65 mRNA 表达水平。表明乌腺金丝桃与黄芪配伍可通过抗心肌细胞凋亡、抑制促炎因子激活,减轻炎性反应抗心肌缺血再灌注损伤。

第二节 乌腺金丝桃抗抑郁的功能

近年来随着生活节奏的加快,人们工作、生活压力的增加,以及社会不稳定因素的影响,抑郁症的患病率逐年上升,已成为严重危害人类身心健康的重要疾病。虽然西药抗抑郁的疗效得到了肯定,但由于西药治疗不良反应明显、易产生耐受性、复发率高、价格昂贵等缺点，医疗市场上更需要低不良反应和低依赖性的治疗药物，许多专家试图用现代方法从中草药中研究新型的抗抑郁剂。藤黄科金丝桃属植物贯叶金丝桃，被西方医学界作为抗忧郁的处方药。在古希腊这种植物被用作利尿剂和治疗神经痛，自中世纪以来也用作传统的欧洲草药，主要用于抗抑郁、治疗失眠，还有利尿、治疗胃炎等功效，是欧洲最常用的草本制剂。最新的研究表明，其主要活性成分为苯并二蒽酮类衍生物金丝桃素和伪金丝桃素，能透过血脑屏障进入大脑，通过系列反应以达到缓解精神紧张和稳定情绪的效果。全草含有多种抗抑郁活性成分，已被证明含有单胺氧化酶（MAO）抑制活性因子，能够提高大脑中维持愉悦心情的神经递质的水平，它能够有效改善抑郁、焦虑所造成的失眠、健忘、心烦意乱等症状，是一种纯天然制剂，对人体高效安全，被称为天然的"百忧解"，是欧美国家用于治疗抑郁症的首选药物。中国传统医药文献较少详细记载这种草本药物的医疗抑郁症用途，而在外国有超过110篇有关使用它治疗抑郁症的文献，在德国，所有治疗抑郁症的药物，有40%是使用贯叶金丝桃，其金丝桃素、伪金丝桃素被认为是抗抑郁作用的活性成分。

人们对金丝桃属植物在抗抑郁方面的研究取得了较大进展，乌腺金丝桃也含类似活性成分，有可能成为新的药用资源，是一种值得进一步研究的药用植物。

一、对慢性不可预见性应激刺激结合孤养抑郁大鼠模型（CUMS）的影响

将50只Wistar雌性大鼠随机分为5组，即空白组、模型组、乌腺金丝桃高剂量治疗组、乌腺金丝桃低剂量治疗组、阳性药组。除空白组外，每只大鼠均孤养并接受应激源的刺激，包括禁食24h、禁水24h、40℃高温5min、4℃冰水游泳7min、电击足底5min、夹尾5min、昼夜颠倒24h共7种刺激随机安排到21d内，每日1种，每种刺激出现3次，不可使同种刺激连续出现，以防动物预料刺激的发生。第8天给药，每日一次，乌腺金丝桃高剂量治疗组灌胃给予2.88g/kg，低剂量治疗组灌胃给予0.72g/kg，阳性药组灌胃给予盐酸氟西汀1.5mg/kg。21d后观察各组大鼠造模前后体重变化情况，并断头取双侧海马，用酶联免疫吸附测定（ELISA）法测5-羟色胺（5-HT）、5-羟吲哚乙酸（5-HIAA）、多巴胺（DA）和去甲肾上腺素（NE）的含量。

慢性不可预见性应激刺激结合孤养抑郁大鼠模型（CUMS）组大鼠体重、糖水消耗量、开场Open-Field活动次数明显减少，较为客观地反映了大鼠的抑郁状态，这与抑郁症患者的临床表现极为相似，佐证了CUMS抑郁模型的复制成功。药物组可使抑郁大鼠的糖水消耗量和活动次数增加，实验表明乌腺金丝桃可在一定程度上改善抑郁大鼠的抑郁表现。孤养与慢性不可预见性的刺激使模型组大鼠5-HT、5-HIAA、NE含量降低，提示脑内单胺类神经递质含量改变与抑郁症的发生有关，这与抑郁症的单胺假说一致。高剂量组可使抑郁大鼠海马5-HT、5-HIAA、NE含量相应地增加可能是其抗抑郁作用的机理之一。

二、乌腺金丝桃不同提取部位抗抑郁活性的研究

乌腺金丝桃可以减少行为绝望模型小鼠的游泳和悬尾的不动时间,有抗抑郁作用,以醇提组效果好;乌腺金丝桃水提物及醇提物能降低抑郁小鼠脑内单胺氧化酶(MAO)的含量,其中水提高剂量和醇提高剂量效果尤其显著,醇提高剂量能明显降低抑郁小鼠脑内 MDA 的含量,水提物及醇提物能提高抑郁小鼠脑内 SOD 的含量,其中醇提高剂量效果尤其显著。实验结果表明,乌腺金丝桃水提物与醇提物均有抗抑郁作用,其中醇提高剂量作用尤其明显。

第三节 乌腺金丝桃护肝的功能

中草药是我国的传统药材,具有历史悠久、资源丰富、不易产生耐药性、毒性作用小、作用范围广等特点。肝脏作为动物体内重要而具有特殊功能的代谢器官,对体内的代谢、消化、排泄、解毒及免疫等过程具有重要作用。肝脏在药物代谢过程中也起着非常重要的作用,许多药物在肝脏内经过生物转化(氧化、还原、水解、结合反应)而被消除,在这些过程中,可能引发肝损伤。当前,针对肝脏疾病的防治,临床及实际生产中应用了大量的化学类药物和抗生素类药物,虽然取得了一定的效果,但毒性作用也逐渐显现出来,限制了其广泛应用。而中草药则克服了化学类药物和抗生素类药物的弊端,具有无残留、多靶点、多环节的特点,在肝脏疾病的防治中有着独特的优势,研究和开发安全高效的中草药保肝、护肝制剂已成为替代化学类药物和抗生素类药物的重要途径之一(王丽宏等,2012)。

20 世纪 80 年代,郑民实利用酶联免疫吸附测定(ELISA)法,检测了近 2000 种中草药的抗乙肝表面抗原(HBsAg)活性,发现乌腺金丝桃为治疗乙肝的有效药物。近年关于乌腺金丝桃护肝的药理研究开展较少,下面主要介绍乌腺金丝桃主要成分金丝桃苷与槲皮素的保肝作用研究进展,以及乌腺金丝桃对四氯化碳(CCl_4)致小白鼠急性肝损伤肝脏的保护作用的研究。

一、金丝桃苷保肝作用

采用大鼠 CCl_4 急性肝损伤模型,观察金丝桃苷(Hyp)对急性肝损伤鼠肝脏组织病理学改变的影响;检测肝组织匀浆中超氧化物歧化酶(SOD)、谷胱甘肽(GSH)的活性及丙二醛(MDA)含量变化。结果:CCl_4 急性肝损伤模型组大鼠肝组织 HE 染色病理检测结果见明显炎症变性坏死及纤维组织增生现象;Hyp 高剂量 60mg/kg、中剂量 30mg/kg 治疗组的肝组织病理改变明显改善;Hyp 治疗组肝组织中 SOD、GSH 活性明显升高,MDA 含量明显降低,并存在量效关系。结

果表明 Hyp 对 CCl_4 引起的大鼠急性肝损伤有较好的治疗作用,其机制可能与其抗氧化活性有关。

研究发现,金丝桃苷对 CCl_4 急性肝损伤小鼠有较好的保肝降酶作用。金丝桃苷可抑制 TNF-α、iNOS、COX-2 的 mRNA 水平及蛋白质表达,增强血红素加氧酶-1(HO-1)的 mRNA 水平及蛋白质表达和 Nrf_2 核蛋白表达,从而实现对 CCl_4 诱导的小鼠肝损伤的保护作用。对金丝桃苷对刀豆蛋白 A(Con A)诱导免疫性肝损伤小鼠的保护作用的研究表明,金丝桃苷对小鼠免疫性肝损伤具有一定的保护作用,其机制可能与清除自由基、减少炎性因子释放、调节 T 细胞亚群平衡有关。体外实验也发现,金丝桃苷呈剂量依赖关系抵抗过氧化氢(hydrogen peroxide,H_2O_2)诱导的人正常肝细胞 LO_2 的损伤作用。

金丝桃苷对鸭乙肝病毒(DHBV)感染所致肝损伤保护作用的研究发现:雏鸭感染 DHBV 模型可见肝细胞严重受损,肝功能异常,肝脏和血中各种酶含量明显升高。金丝桃苷可改善 DHBV 感染所致雏鸭生化指标谷丙转氨酶(ALT)、碱性磷酸酶(ALP)、总胆红素(TBIL)水平,减轻病理组织变性、坏死程度,表明金丝桃苷对鸭乙肝病毒感染所致肝损伤有较好的保护作用。

二、槲皮素保肝作用

以 CCl_4 制备急性肝损伤动物模型,分别以低剂量(1g/kg)、高剂量(2g/kg)槲皮素干预,实验结果显示槲皮素能明显降低大鼠血清谷草转氨酶(AST)、ALT 的含量,降低肝脏指数,降低大鼠血清和肝组织匀浆中的 MDA,升高 SOD,能减轻肝组织变性、坏死程度,改善肝组织的病理改变,表明槲皮素对 CCl_4 所致的大鼠急性肝损伤具有保护作用。

研究发现槲皮素对异烟肼(INH)所致的大鼠肝损伤具有保护作用,可能与其抗脂质过氧化作用及调节凋亡相关蛋白 Bcl-2 和 Bax 的表达有关。

建立 Con A 诱导的小鼠肝损伤模型,观察槲皮素对 Con A 诱导的小鼠自身免疫性肝损伤的作用,实验结果显示槲皮素对自身免疫性肝损伤具有一定的保护作用。

槲皮素对大鼠慢性酒精性肝损伤有保护作用,其机制与增强肝脏抗氧化功能有关。

三、乌腺金丝桃的保肝作用

为进一步研发利用乌腺金丝桃,本试验采用试验动物的方法,选取乌腺金丝桃全草的地上部分,将其制成溶液经口灌胃小白鼠进行试验,观察乌腺金丝桃对 CCl_4 致小白鼠急性肝损伤肝脏的保护作用,旨在对乌腺金丝桃护肝作用进行初步研究,也为临床应用乌腺金丝桃治疗肝病提供了一定的药理学依据。

(一)方法

1. 试验动物分组与给药

选取 60 只小白鼠，随机分为 6 组，每组 10 只，雌雄各半。试验小白鼠在 (22 ± 3) ℃、无对流风人工昼夜环境下饲养，饮水、饲料清洁，保持室内卫生(沈建中，2004)。试验前在实验室饲养观察 3d，灌胃前 16h 禁食、不禁水。第 1 组为阴性对照组(正常对照组)，第 2 组为阳性对照组，第 3 组为 CCl_4 模型组(模型组)，第 4 组为乌腺金丝桃(乌腺金丝桃植物的地上部分，恒温干燥箱 60℃烘干后小型中药粉碎机粉碎，过 100 目药典筛制成粉剂)高剂量组，第 5 组为乌腺金丝桃中剂量组，第 6 组为乌腺金丝桃低剂量组。试验开始后，每天下午 16 时灌胃 1 次，第 1 组灌胃 0.4ml/只生理盐水；第 2 组灌胃 0.4ml/只生理盐水，第 3 组灌胃 150mg/kg(0.136mg/只)联苯双酯，第 4 组以 0.168g/只剂量灌胃乌腺金丝桃水溶液，第 5 组以 0.084g/只剂量灌胃乌腺金丝桃水溶液，第 6 组以 0.042g/只剂量灌胃乌腺金丝桃水溶液，灌胃体积均为 0.4ml/只。连续 7d。在第 8 天给药完毕后，第 1 组小白鼠按 10ml/kg 剂量腹腔注射花生油，第 2~6 组小白鼠按 10ml/kg 剂量腹腔注射 0.2% CCl_4 花生油溶液。禁食，不禁水。16h 后眼球采血并处死，将血液采集于一次性使用负压含促凝剂采血管内，静止 1h，3000r/min 离心 10min，分离血清，严格无菌操作，将分离的血清置于洁净干燥的 1.5ml 离心管内，放入低温(4℃)冰箱中保存，用于检测血清生化指标。采血后立即采集肝脏样品。剖检、观察并记录小白鼠其他各脏器的变化情况，计算肝重指数(杨莹等，2013)。

2. 指标的检测

严格按照仪器使用的操作方法，利用 BS-200 型全自动生化分析仪，ALT 测定试剂盒、AST 测定试剂盒、TP 测定试剂盒(双缩脲法)、ALB 测定试剂盒(溴甲酚绿法)、TBIL 测定试剂盒(矾酸盐氧化法)、TG 测定试剂盒(氧化酶法)等，测定血清中 ALT、AST、TBIL、总蛋白(TP)、白蛋白(ALB)、甘油三酯(TG)等 6 项生化指标的含量。

肝重指数的测定，小白鼠处死后，迅速取其肝脏，置于生理盐水(在 4℃冰箱存放 12h 以上)中反复漂洗，滤纸吸干，电子分析天平称重。称取肝脏总重量，计算肝重指数。其计算公式为：肝重指数=(肝脏重量/体重)×100%。

3. 数据的统计分析

采用 Excel 和 SPSS17.0 软件对试验数据进行统计分析，包括平均数及差异显著性检验等。

(二)结果

乌腺金丝桃护肝作用的试验过程中，第 1~7 天，各组小白鼠均未见异常。第 8 天，CCl_4 模型组小白鼠出现精神萎靡，活动减少。其他组灌胃乌腺金丝桃溶液的高剂量组、中剂量组、低剂量组小白鼠，临床表现均未见异常，采血、解剖发现，其心脏、肝脏、脾脏、肺脏、肾脏等组织颜色、形状等均未见明显病理学改变。

1. 乌腺金丝桃对 CCl_4 急性肝损伤小白鼠肝细胞损伤的作用

CCl_4 造成小白鼠急性肝损伤后，CCl_4 模型组与阴性对照组、阳性对照组比较，ALT、AST 含量均明显升高，两者比较差异显著（$P<0.05$）；乌腺金丝桃组与 CCl_4 模型组比较，ALT、AST 含量均明显降低，差异显著（$P<0.05$）；而乌腺金丝桃各组之间相比较，从高浓度、中浓度、低浓度 ALT、AST 含量依次升高，差异不显著（$P>0.05$），但其值略高于阳性对照组（表 4-3-1）。

表 4-3-1 乌腺金丝桃护肝作用血清指标检测结果

项目	阴性对照组	阳性对照组	模型组	高浓度组	中浓度组	低浓度组
ALT/(U/L)	26.07 ± 1.47^b	22.40 ± 0.76^b	67.61 ± 2.91^a	25.49 ± 1.51^b	26.91 ± 1.98^b	30.86 ± 6.15^b
AST/(U/L)	63.42 ± 1.07^b	56.26 ± 1.0^b	99.30 ± 8.11^a	56.56 ± 1.13^b	67.21 ± 0.86^b	71.15 ± 0.07^b
TP/(g/L)	69.25 ± 2.10^{ab}	78.88 ± 3.31^a	65.93 ± 0.77^b	69.31 ± 2.20^{ab}	68.61 ± 1.35^{ab}	68.53 ± 1.68^{ab}
ALB/(g/L)	43.49 ± 1.05^b	43.14 ± 1.38^b	38.45 ± 0.50^a	43.27 ± 1.63^b	42.97 ± 1.38^b	42.25 ± 1.31^b
TBIL/(mmol/L)	6.92 ± 1.42^b	9.70 ± 0.22^c	11.17 ± 2.52^a	5.34 ± 1.00^{bc}	5.20 ± 0.96^{bc}	5.10 ± 1.85^{bc}
TG/(mmol/L)	0.85 ± 0.07^b	0.91 ± 0.06^b	1.73 ± 0.11^a	0.88 ± 0.08^b	1.04 ± 0.08^b	1.04 ± 0.15^b

注：同行数据肩标字母不同表示差异显著（$P<0.05$），相同或无肩标表示差异不显著（$P>0.05$）

2. 乌腺金丝桃对 CCl_4 急性肝损伤小白鼠肝脏合成储备功能的作用

灌胃乌腺金丝桃溶液，血清 TP、ALB 含量升高。CCl_4 模型组 ALB 含量低于阴性对照组、阳性对照组，也低于灌胃乌腺金丝桃的高浓度组、中浓度组、低浓度组，差异显著（$P<0.05$）；CCl_4 模型组 TP 含量低于其他各组，与阳性对照组差异显著（$P<0.05$），与其他各组差异不显著。乌腺金丝桃高浓度组、中浓度组、低浓度组间 TP 含量逐渐降低，但差异也不显著（$P>0.05$）（表 4-3-1）。

3. 乌腺金丝桃对 CCl_4 急性肝损伤小白鼠肝脏分泌和排泄功能的作用

CCl_4 致小白鼠肝脏损伤后，CCl_4 模型组总胆红素含量比阴性对照组含量高，差异显著（$P<0.05$），乌腺金丝桃各组与 CCl_4 模型组、阴性对照组、阳性对照组相比，TBIL 含量均降低；灌胃乌腺金丝桃各组间比较，随着灌胃乌腺金丝桃浓度的增高，TBIL 含量逐渐升高，但各浓度组间差异不显著（$P>0.05$）（表 4-3-1）。

4. 乌腺金丝桃对 CCl_4 急性肝损伤小白鼠肝脏脂代谢的作用

CCl_4 模型组血清中 TG 含量高于阴性对照组、阳性对照组和乌腺金丝桃各组，差异显著（$P<0.05$），乌腺金丝桃各组间相比，差异不显著（$P>0.05$），但随着灌胃剂量的增大，TG 含量有所降低（表 4-3-1）。

5. 乌腺金丝桃对 CCl_4 急性肝损伤小白鼠肝重指数的影响

本试验 CCl_4 模型组肝重指数与阴性对照组、阳性对照组、乌腺金丝桃各组相比，肝重指数增大，差异显著（$P<0.05$），除 CCl_4 模型组外，其他各组间比较，肝重指数变化不大，差异不显著（$P>0.05$）（表 4-3-2）。

表 4-3-2　乌腺金丝桃护肝作用试验各组肝重指数

项目	阴性对照组	阳性对照组	模型组	高浓度组	中浓度组	低浓度组
肝重指数/%	0.0575 ± 0.0015^b	0.0550 ± 0.0028^b	0.0673 ± 0.0023^a	0.0536 ± 0.0019^b	0.0517 ± 0.0007^b	0.0594 ± 0.0020^b

注：同行数据肩标字母不同表示差异显著（$P<0.05$），相同表示差异不显著（$P>0.05$）

（三）讨论与结论

1. 乌腺金丝桃对 CCl_4 急性肝损伤小白鼠肝细胞损伤的修复作用

ALT 主要分布在肝细胞质中，AST 主要分布在肝细胞质和肝细胞的线粒体中，作为肝细胞内酶，在氨基酸的合成与分解代谢中起重要作用。正常情况下只有极少量释放入血液，当肝组织受到急性损伤或细胞膜通透性增加时，这两种酶大量释放到血液中，使血清中酶的活性显著增高，肝细胞有 1% 损伤，ALT 即升高 1 倍，血清转氨酶升高幅度能够反映出肝细胞坏死程度（周琼等，2012），因此，这两个指标能够反映肝脏实质细胞膜通透性改变。本试验中 CCl_4 染毒后，血清中 ALT 和 AST 含量明显升高，ALT 含量由（26.07±1.47）U/L（阴性对照组）增加至（67.61±2.91）U/L（模型组），AST 由（63.42±1.07）U/L（阴性对照组）增加至（99.30±8.11）U/L（模型组），提示造模成功。灌胃乌腺金丝桃后，ALT 和 AST 出现了不同程度的降低，与金丝桃苷对化学性肝损伤的保护作用结果一致（孔华丽等，2010），说明乌腺金丝桃不同浓度的制剂与金丝桃苷同样对 CCl_4 所致肝损伤有一定的修复作用，可降低急性肝损伤的程度，具有一定的药用价值，给肝损伤保护提供了一种新的、有效的方法，具有一定的研究和应用前景。这也为长白山地区乌腺金丝桃的应用奠定了一定的基础。

2. 乌腺金丝桃对 CCl_4 急性肝损伤小白鼠肝脏合成储备功能的作用

血浆蛋白是血浆中多种蛋白质的总称，ALB 是肝脏产生的（岳利民和崔慧先，2015）。测定血清白蛋白可反映肝脏合成蛋白质的功能。肝细胞损伤，则肝细胞内质网上结合的核糖体合成白蛋白功能发生障碍，血清白蛋白也会因之减少（梁之彦，1990）。有实验测定了急慢性肝损伤试验各组动物的血清白蛋白量，中药组测定值高于 CCl_4 模型组，说明中药有一定的升高急慢性肝损伤动物血清白蛋白的作用，其中对慢性肝损伤的作用更好（苏立稳，1998）。肝脏在蛋白质代谢过程中起重要作用，血浆内蛋白质几乎全部由肝脏合成，TP 主要包括 ALB 和球蛋白（GBL），其中 ALB 占到 40%～60%（王林枫，2012）。TP、ALB 这两个指标反映了肝脏蛋白质合成以及代谢的能力，是反映肝实质细胞内糖原、蛋白质合成功能的指标，能够反映肝脏的功能状态，TP、ALB 含量降低，说明肝细胞发生病变，其合成蛋白质的功能减退，因此血清中蛋白质发生了质和量的变化，从而提示肝组织发生了急性损伤。本试验中 CCl_4 模型组 ALB 含量降低[与阴性对照组 (43.49 ± 1.05) g/L 比较]至 (38.45 ± 0.50) g/L,其含量也明显低于灌胃乌腺金丝桃高浓度组[(43.27 ± 1.63) g/L]、乌腺金丝桃中浓度组[(42.97 ± 1.38) g/L]、乌腺金丝桃低浓度组[(42.25 ± 1.31) g/L]各组的含量,表明乌腺金丝桃能够升高血液中的 ALB 含量,结果与苦瓜甾醇对对乙酰氨基酚致小鼠肝损伤的保护作用一致(杨志刚等,2015)。TP 含量 CCl_4 模型组降低至 (65.93 ± 0.77) g/L[与阴性对照组 (69.25 ± 2.10) g/L 比较],灌胃乌腺金丝桃后,TP 含量有所增高[乌腺金丝桃高、中、低浓度组分别为 (69.31 ± 2.20) g/L、(68.61 ± 1.35) g/L、(68.53 ± 1.68) g/L]。本试验中乌腺金丝桃能提高 CCl_4 肝损伤小白鼠血清 ALB 和 TP 的含量,说明乌腺金丝桃能提高肝细胞内糖原、蛋白质的合成功能,具有一定的增强肝脏蛋白质合成功能。

3. 乌腺金丝桃对 CCl_4 急性肝损伤小白鼠肝脏分泌和排泄功能的作用

正常时总胆红素的生成、运输与肝脏对总胆红素的摄取、运载、酯化、排泄保持着动态平衡,如果其中某个或某些环节发生障碍,总胆红素代谢障碍,可使血中 TBIL 升高(梁桂英和赵桂英,2003),本试验中 CCl_4 模型组 TBIL 含量[(11.17 ± 2.52) mmol/L]明显高于其他各组,总胆红素含量变化符合上述特点,说明肝脏受到损伤,其清除总胆红素的能力下降。灌胃乌腺金丝桃后,乌腺金丝桃的高浓度组[(5.34 ± 1.00) mmol/L]、中浓度组[(5.20 ± 0.96) mmol/L]、低浓度组[(5.10 ± 1.85) mmol/L]与 CCl_4 模型组[(11.17 ± 2.52) mmol/L]相比,TBIL 含量均明显降低,说明乌腺金丝桃对 CCl_4 急性损伤小白鼠的肝脏具有一定的保护作用。但乌腺金丝桃组与阴性对照组的 TBIL 含量相比,差异不显著($P>0.05$),是否说明,如果利用乌腺金丝桃改善 TBIL 含量需要提高药物剂量,有待进一步研究。

4. 乌腺金丝桃对 CCl_4 急性肝损伤小白鼠肝脏脂代谢的作用

在动物体内,肝脏是脂肪组织合成的主要部位。血脂中所含脂类统称为血脂。血脂包括甘油三酯(梁桂英和赵桂英,2003)。肝脏在脂类的消化、吸收、分解、合成和运输中起着重要的作用。本试验 CCl_4 模型组 TG 含量为 (1.73 ± 0.11) mmol/L,与阴性对照组、乌腺金丝桃各组相比,其含量明显升高,说明 CCl_4 导致肝脏脂代谢功能异常,灌胃乌腺金丝桃后,各组 TG 含量都明显低于 CCl_4 模型组,显示乌腺金丝桃可降低 CCl_4 急性肝损伤小白鼠血清 TG 的含量,改善肝脏脂代谢功能,减轻肝细胞变性、坏死程度和范围,是否可以促进肝细胞再生、加速细胞恢复,还需进一步试验。

5. 乌腺金丝桃对 CCl_4 急性肝损伤小白鼠肝重指数的作用

脏器系数一般适用于检测心脏、肝脏、脾脏、肺脏和肾脏等实质性器官,如果脏器系数变小,表明脏器可能出现萎缩和退行性变化;如果脏器系数变大,表明脏器可能出现水肿、充血和增生等病变(宋美艳等,2014)。本试验 CCl_4 模型组小白鼠肝重指数与其他各组比较发生显著性变化,说明 CCl_4 模型组小白鼠肝脏体积增大，灌胃乌腺金丝桃各组的小白鼠肝重指数显著降低，这一结果与"二至丸"的保肝活性部位群对 CCl_4 致小白鼠急性肝损伤的保护作用（闫冰等，2013）的描述一致，说明乌腺金丝桃对小白鼠肝脏轻度肿胀的缓解作用效果较好。

综上所述，乌腺金丝桃对增强肝细胞损伤的修复、肝脏合成储备功能、肝脏分泌和排泄功能、肝脏脂代谢作用有影响，对肝脏具有一定程度的保护作用。

第四节 乌腺金丝桃醇溶物体外活性的研究

一、试验材料

1. 材料预处理

采集新鲜乌腺金丝桃，简单清洗去泥，晾干后将根、茎、叶、花4个部位分开，分别在50℃恒温干燥箱中干燥，完全干燥后，将4个部位分别粉碎备用。

2. 乌腺金丝桃醇溶物的提取

取4个部位粉末各50g，分别用650ml 75%乙醇浸提6h，过滤。向滤渣中再加入650ml 75%乙醇重复提取一次。合并滤液，50℃减压浓缩至1/4体积。分别取浓缩液100ml、80ml、60ml、40ml、20ml于100ml容量瓶中定容，配制4个部位醇溶物浓度梯度溶液。

二、试验方法

（一）乌腺金丝桃醇溶物抑菌活性测定

将活化的大肠杆菌接种到培养基上，然后将不同样品液浸泡的滤纸片（直径6mm）分别贴在平板上，放置于37℃培养箱中培养24h，测量抑菌圈直径。

（二）乌腺金丝桃醇溶物抗氧化活性测定——邻苯三酚自氧化法

在试管中加入4.5ml 50mmoL/L Tris-HCl溶液（pH=8.2），再加0.1ml醇溶物试样液，然后在25℃水浴中预热20min；加入25℃预热的2.5mmol/L 邻苯三酚溶液20μl，并开始计时，迅速转入比色皿中，在320nm处测其吸光度（A_i），记录4min时的吸光度。以蒸馏水为空白（吸光度 A_0）。清除率公式如下：

$$清除率(\%) = (A_0 - A_i)/A_0 \times 100$$

（三）乌腺金丝桃醇溶物对酪氨酸酶活性抑制作用测定

取4支试管按表4-4-1添加底物、乌腺金丝桃醇溶物和磷酸缓冲液，于30℃水浴中恒温5min后，再加入0.035g/ml酪氨酸酶0.1ml，反应15min，移入比色皿中，在410nm处分别测定吸光度A_1、A_2、A_3、A_4。抑制率公式如下：

$$抑制率(\%)=[1-(A_3-A_4)/(A_1-A_2)]\times 100$$

表 4-4-1　乌腺金丝桃醇溶物对酪氨酸酶抑制作用的反应物加液量　　（单位：ml）

试管编号	底物——邻苯二酚	乌腺金丝桃醇溶物	磷酸缓冲液	酪氨酸酶	沸水失活的酪氨酸酶
1	3	—	0.5	0.1	—
2	3	—	0.5	—	0.1
3	3	0.5	—	0.1	—
4	3	0.5	—	—	0.1

(四)乌腺金丝桃醇溶物对DHFR抑制的最佳条件研究

1. DHFR反应体系的建立

用分光光度法测定二氢叶酸还原酶(DHFR)酶活力，酶活力用测定NADPH特征性的340nm光吸收值下降速度来表示。DHFR反应体系：于4ml比色皿中依次加入50μl二次蒸馏水，100μl 50mmol/L磷酸钾缓冲溶液(pH=7.5)，50μl 0.01mol/L巯基乙醇，10μl 1×10^{-3}mol/L NADPH溶液，20μl 1×10^{-4}mol/L 二氢叶酸，最后加10μl DHFR。快速混匀，分别在0min、3min、6min、9min、12min、15min、18min时测定340nm的OD值，建立底物与酶活力关系曲线。

酶活力定义为：每3min减少0.01 OD值为一个活力单位。

2. 对DHFR酶活力的最小抑制浓度及影响因素的探究

1)最小抑制浓度试验

将乌腺金丝桃干燥结晶醇溶物准确称量配制成浓度(mg/ml)分别为 10、1、10^{-1}、10^{-2}、10^{-3}、10^{-4}、10^{-5}、10^{-6}、10^{-7} 的溶液，分别加入反应体系。

2)温度试验

在DHFR反应体系中加入最小抑制浓度的乌腺金丝桃醇溶物，在25℃、30℃、35℃、37℃、40℃、45℃、50℃下测DHFR酶活力变化，选择酶活力降低最大的温度为最适温度。

3)pH试验

在DHFR反应体系中加入最小抑制浓度的乌腺金丝桃醇溶物，选择酶最适温度，在pH 4、4.5、5、5.5、6、6.5、7、7.5、8、8.5、9下测DHFR酶活力变化，选择酶活力降低最大的pH为最适pH。

4)不同二氢叶酸试验

在DHFR反应体系中加入最小抑制浓度的乌腺金丝桃醇溶物，选择最适温度、pH，分别加入5μl、10μl、15μl、20μl、25μl浓度为1×10^{-4}mol/L的二氢叶酸，测DHFR酶活力变化，选择酶活力降低最大的底物浓度为最适底物浓度。

5）不同 NADPH 浓度试验

在 DHFR 反应体系中加入最小抑制浓度的乌腺金丝桃醇溶物，选择最适温度、pH，分别加入 5μl、10μl、15μl、20μl 浓度为 $1×10^{-3}$ mol/L 的 NADPH，测 DHFR 酶活力变化，选择酶活力降低最大的 NADPH 浓度为最适 NADPH 浓度。

6）不同巯基乙醇加入量试验

在 DHFR 反应体系中加入最小抑制浓度的乌腺金丝桃醇溶物，选择最适温度、pH，分别加入 20μl、30μl、50μl、70μl 浓度为 0.01mol/L 的巯基乙醇，测 DHFR 酶活力变化，选择酶活力降低最大的巯基乙醇加入量为最适加入量。

7）不同酶浓度试验

在 DHFR 反应体系中加入最小抑制浓度的乌腺金丝桃醇溶物，选择最适温度、pH，加入浓度分别为 5mg/ml、10mg/ml、15mg/ml、20mg/ml 的 DHFR，测 DHFR 酶活力变化，选择酶活力降低最大的 DHFR 浓度为最适酶浓度。

8）正交试验

基于以上 7 个试验结果，采用七因素两水平正交试验设计表，筛选最小抑制浓度、温度、pH、二氢叶酸浓度、NADPH 浓度、巯基乙醇加入量、酶浓度等最优组合，见表 4-4-2。

表 4-4-2 七因素两水平

水平	因素						
	最小抑制浓度/(mg/ml)(A)	温度/℃(B)	pH(C)	二氢叶酸浓度/(mol/L)(D)	NADPH 浓度/(mol/L)(F)	0.01mol/L 巯基乙醇加入量/μl(G)	酶浓度/(mg/ml)(H)
1	10	37	7.0	$20×10^{-4}$	$15×10^{-3}$	50	10
2	15	40	7.5	$25×10^{-4}$	$20×10^{-3}$	70	15

3. 数据分析

采用 SPSS17.0 分析数据。

三、结果与分析

（一）乌腺金丝桃醇溶物对大肠杆菌的抑制作用

在乌腺金丝桃醇溶物对大肠杆菌的生长抑制试验中，对抑菌圈进行测量，结果如图 4-4-1 所示。较低浓度（如 20%）时，花、茎、根的醇溶物对大肠杆菌无抑菌活性，叶的醇溶物抑菌圈直径为 7.35mm；随着浓度的增加，各部位醇溶物对大肠杆菌的抑菌活性呈增强趋势；当醇溶物浓度为 40%时，乌腺金丝桃各部位醇溶物对大肠杆菌的抑制作用由强到弱依次为叶＞花＞茎＞根，其中根的醇溶物无抑菌活性；当在醇溶物浓度为 60%时，各部位对大肠杆菌的抑制作用由强到弱依次为花＞叶＞根＞茎；当醇溶物浓度为80%时，各部位对大肠杆菌的抑制作用由强到弱依次为根＞花＞叶＞茎；当醇溶物浓度为100%时，各部位的抑菌活性均达最大值，其中花、叶、根的抑菌效果相近，抑菌圈达8.80mm以上，以叶的醇溶物抑菌活性最强，抑菌圈直径达8.93mm，而茎的抑菌效果明显较低，抑菌圈直径仅7.90mm。

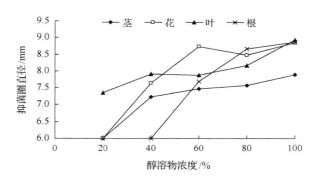

图 4-4-1　醇溶物对大肠杆菌的抑制作用

(二)乌腺金丝桃醇溶物抗氧化活性

建立邻苯三酚自氧化体系，乌腺金丝桃醇溶物的抗氧化作用结果如图4-4-2所示，不同部位的醇溶物均具备一定的抗氧化活性，且随着醇溶物浓度的增加，其抗氧化活性逐渐增强；其中，在醇溶物浓度相同的情况下，叶的抗氧化活性显著高于其他部位，对邻苯三酚的清除率均在50%以上；当醇溶物浓度为20%和40%时，各部位的抗氧化活性由强到弱均为叶＞花＞茎＞根；当醇溶物浓度为60%时，各部位的抗氧化活性由强到弱依次为叶＞花＞根＞茎；当醇溶物浓度为80%时，各部位的抗氧化活性由强到弱为叶＞茎＞花＞根；当醇溶物浓度为100%时，各部位的抗氧化活性由强到弱为叶＞花＞茎＞根。

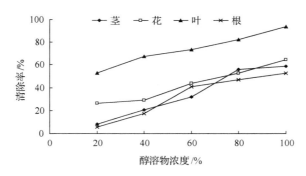

图 4-4-2　醇溶物的抗氧化活性

(三)乌腺金丝桃醇溶物对酪氨酸酶的抑制作用

以乌腺金丝桃醇溶物为效应物,以邻苯二酚为底物,按上述方法测定乌腺金丝桃醇溶物对酪氨酸酶的抑制率,结果如图 4-4-3 所示。除了 20%花的醇溶物以外,其他 3 个部位的各浓度醇溶物以及花的其他浓度醇溶物对酪氨酸酶均表现出一定的抑制作用,且随着醇溶物浓度的增加,抑制作用逐渐增强;当醇溶物浓度为 20%时,各部位对酪氨酸酶的抑制作用由强到弱依次为叶＞根＞茎＞花;当醇溶物浓度为 40%时,各部位对酪氨酸酶的抑制作用由强到弱依次为叶＞花＞茎＞根;当醇溶物浓度≥60%,各部位对酪氨酸酶的抑制作用由强到弱均表现为叶＞花＞根＞茎;其中,在浓度相同的情况下,叶的醇溶物对酪氨酸酶的抑制作用显著高于其他部位,抑制率在 6.08%～48.78%。

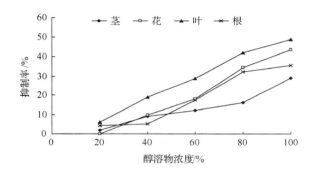

图 4-4-3 醇溶物对酪氨酸酶的抑制作用

实验结果表明,药用植物乌腺金丝桃的根、茎、叶、花 4 个部位的醇溶物对大肠杆菌均有一定的抑制作用,同时还具有较强的抗氧化活性,对酪氨酸酶也有相当的抑制作用;以 40%的醇溶物浓度为例,各部位对大肠杆菌的抑菌活性由强到弱依次为叶＞花＞茎＞根,抗氧化活性由强到弱为叶＞花＞茎＞根,对酪氨酸酶的抑制作用由强到弱依次为叶＞花＞茎＞根;且随着醇溶物浓度的升高,各种作用逐渐加强;同时,叶片中的作用效果明显高于其他部位,当浓度达 100%时,叶醇溶物的抑菌圈直径为 8.93mm,对邻苯三酚的清除率为 94.1%,对酪氨酸酶的抑制率为 48.78%。这说明在 4 个部位中,叶片中的醇溶物比其他部位的具有更高的生物活性。由此可以认为,乌腺金丝桃的叶可作为新型安全天然活性物质开发的主要原料,是一种新的药用植物资源。乌腺金丝桃提取物可以作为天然的美白活性物质、具有抑菌活性的天然防腐剂,以及具有抗氧化活性的功能食品,但该研究未涉及乌腺金丝桃醇溶物的成分分析,故尚不清楚其醇溶物的活性物质成分及作用机理,需进一步研究探索。

(四)DHFR 反应体系的建立结果

1. 酶活力变化曲线

利用紫外-可见分光光度计测得反应进程中 NADPH 在 340nm 处吸光度的变化值，得到酶活力变化曲线，如图 4-4-4 所示。

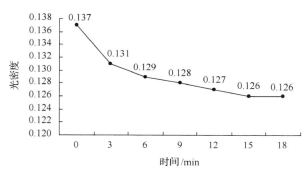

图 4-4-4 酶活力变化曲线图

光密度值越大，酶活力值越小

2. 对 DHFR 酶活力的最小抑制浓度及影响因素的探究

(1) 对 DHFR 酶活力的最小抑制浓度的研究

对 DHFR 酶活力的最小抑制浓度的研究得出了吸光度变化曲线，如图 4-4-5 所示。乌腺金丝桃 4 个不同部位的醇溶物均表现出抑制作用，其中花的抑制作用最好，花、叶、茎和根的抑制率分别为 30%、26%、16% 和 15%，这与其主要有效成分在全草中的分布状况有关。在一定浓度内，浓度越大，抑制效果越明显，选择 10mg/ml 为最佳抑制浓度。

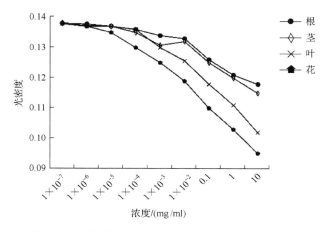

图 4-4-5 醇溶物对 DHFR 最小抑制浓度影响的研究

光密度值越大，抑制作用越小

(2) 不同温度对 DHFR 酶活力影响的研究

在不同温度下测得吸光度，得到吸光度变化曲线，如图 4-4-6 所示。温度变化主要是对酶活性的影响，过高或过低的反应温度都会使酶活力下降，实验得出反应体系中酶的最适温度为 40℃左右。

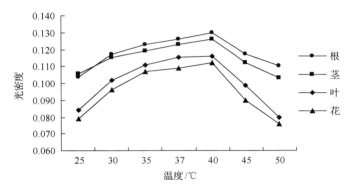

图 4-4-6 不同温度对 DHFR 酶活力影响
光密度值越大，酶活力值越小

(3) 不同 pH 对 DHFR 酶活力影响的研究

在不同的 pH 下测得吸光度，得到吸光度变化曲线，如图 4-4-7 所示。pH 对酶反应体系的影响也是对酶活力的影响，过酸或过碱会使酶活力下降，实验得出反应体系中酶的最佳 pH 为 7.5。

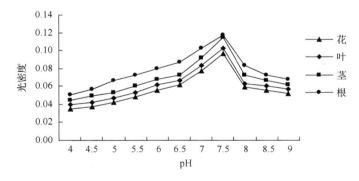

图 4-4-7 不同 pH 对 DHFR 酶活力影响
光密度值越大，酶活力值越小

(4) 不同底物浓度、不同其他添加物及不同酶浓度对 DHFR 酶活力影响的研究

分别在不同的二氢叶酸浓度、不同 NADPH 浓度、不同巯基乙醇加入量及不同二氢叶酸还原酶浓度条件下，测得吸光度，分别得到吸光度曲线，如图 4-4-8～图 4-4-11 所示。由图 4-4-8～图 4-4-11 得到各种条件为：二氢叶酸加入量为 20μl，NADPH 加入量为 20μl，巯基乙醇加入量为 50μl，酶的加入量为 10μl，与安会梅和朱若华(2007)的研究结果相吻合。

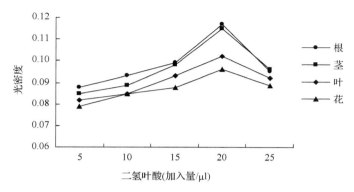

图 4-4-8 二氢叶酸对 DHFR 酶活力影响
光密度值越大,酶活力值越小

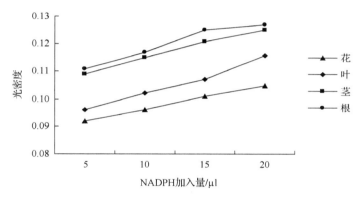

图 4-4-9 NADPH 对 DHFR 酶活力影响
光密度值越大,酶活力值越小

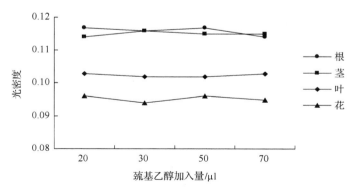

图 4-4-10 巯基乙醇对 DHFR 酶活力影响
光密度值越大,酶活力值越小

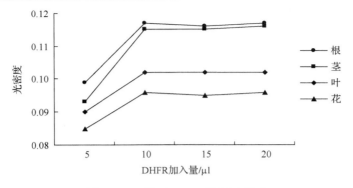

图 4-4-11 酶对 DHFR 酶活力影响
光密度值越大,酶活力值越小

(5) 正交试验

试验按照七因素两水平设计,见表 4-4-3。结果表明,影响 DHFR 酶活力大小的因素由大到小为温度、最小抑制浓度、DHFR 浓度、巯基乙醇浓度、二氢叶酸浓度、pH、NADPH 浓度。通过正交极差分析可知 B 因素(温度)对 DHFR 的活性影响最大,E 因素(NADPH 浓度)的影响最小。由此可得:10mg/ml 为最佳抑制浓度,其中花的抑制作用最为明显,抑制率为 30%,40℃,pH 为 7.5,添加 20μl 浓度为 1×10^{-4}mol/L 的二氢叶酸底物,20μl 浓度为 1×10^{-3}mol/L 的 NADPH,50μl 浓度为 0.01mol/L 巯基乙醇,酶用量为 10μl,此为乌腺金丝桃醇溶物对 DHFR 抑制的最佳条件。

表 4-4-3 正交试验 $L_8 2^7$

试验号	列号							吸光值		
	A	B	C	D	E	F	G	Ⅰ	Ⅱ	Ⅲ
1	1	1	1	1	1	1	1	0.117	0.121	0.119
2	1	1	1	2	2	2	2	0.120	0.118	0.119
3	1	2	2	1	1	2	2	0.118	0.117	0.118
4	1	2	2	2	2	1	1	0.116	0.119	0.117
5	2	1	2	1	2	1	2	0.116	0.117	0.118
6	2	1	2	2	1	2	1	0.115	0.121	0.120
7	2	2	1	1	2	2	1	0.114	0.122	0.116
8	2	2	1	2	1	1	2	0.115	0.119	0.114
$K1$	0.471	0.477	0.466	0.461	0.464	0.462	0.463			
$K2$	0.460	0.463	0.462	0.467	0.467	0.468	0.470			
$R1$	0.011	0.014	0.004	0.005	0.003	0.006	0.007			

四、结论与讨论

金丝桃属植物全世界有 400 余种,我国有 55 种,金丝桃属植物在东北地区分布较少,作为药用植物的仅有 2 种,即长柱金丝桃和乌腺金丝桃。

二氢叶酸还原酶(DHFR)可以将体内的二氢叶酸(FH_2)还原为四氢叶酸(FH_4),从而调节四氢叶酸的再生。四氢叶酸是体内一碳单位转移酶系统中的辅酶,是由叶酸在维生素 C 和 $NADH^+$ 存在下,经叶酸还原酶作用生成二氢叶酸,然后由二氢叶酸还原酶催化生成四氢叶酸。四氢叶酸可传递一碳单位,参与嘌呤和嘧啶的合成,是 DNA 合成所必需的,对正常血细胞的生成具有促进作用。所以当叶酸缺乏或某些药物抑制了叶酸还原酶,使叶酸不能转变为四氢叶酸时,可能影响血细胞的发育和成熟。同时,DHFR 的异常表达也是一些肿瘤发生、发展的原因。控制四氢叶酸的生成,成为开发治疗癌症药物的主要研究方向,二氢叶酸还原酶便成为抗癌药物的主要靶酶。

目前已知抗肿瘤药物如氨甲蝶呤等均为 DHFR 抑制剂,但这些化学药物毒性作用极强。因而寻找和开发天然植物 DHFR 抑制剂成为抗肿瘤药物研究的重要方向。乌腺金丝桃醇溶物具有明显的抗病毒、抗肿瘤活性,但从目前的研究现状来看,乌腺金丝桃主要化学成分作用机理的研究涉及的比较少,对代谢关键酶的研究还未见报道,探讨乌腺金丝桃醇溶物对 DHFR 酶活力的影响将会对开发利用乌腺金丝桃植物资源起到积极的促进作用,使乌腺金丝桃成为有发展前景的天然抗病毒、抗肿瘤药物。

通过乌腺金丝桃醇溶物对 DHFR 反应体系研究得出以下结论:乌腺金丝桃 4 个不同部位的醇溶物均表现抑制作用,其中花的抑制作用最好,花、叶、茎和根的抑制率分别为 30%、26%、16% 和 15%;酶的最适温度为 40℃左右;最佳 pH 为 7.5;最佳二氢叶酸加入量为 20μl,NADPH 加入量为 20μl,巯基乙醇加入量为 50μl,酶的加入量为 10μl;并且产生抑菌作用,尤其对革兰氏阴性菌作用明显。

由于提取工艺的不同,实验存在较大偶然误差,醇溶物中所含对 DHFR 影响的有效成分的含量不同,数据具有一定的参考价值,表明了乌腺金丝桃的醇溶物对二氢叶酸还原酶有一定的抑制作用,为以后提取工艺的优化、反应体系的优化、主要有效成分的提纯、抗肿瘤新药物的开发提供了依据。

第五节 乌腺金丝桃其他功能

为探讨乌腺金丝桃黄酮类化合物对肺动脉平滑肌细胞增殖的影响,采用四氮唑蓝比色法(MTT)测定细胞增殖、双抗体夹心 ABC-ELISA 法测定细胞外血小板源生长因子(PDGF)含量的变化。结果显示,乌腺金丝桃黄酮类化合物具有抑制肺动脉平滑肌细胞增殖及下调细胞外 PDGF 水平的作用，与对照组相比有显著性差异（$P<0.05$），表明乌腺金丝桃黄酮类化合物可显著抑制肺动脉平滑肌细胞的增殖。

乌腺金丝桃黄酮类化合物，对体外培养的大鼠肺动脉平滑肌细胞（PASMC）有抑制增殖的作用及降低放射免疫法检测培养液中内皮素-1（ET-1）水平的作用（$P<0.05$）。此外，乌腺金丝桃黄酮类化合物还有调节细胞分泌 TGF-β 的作用（薛国忠等，2011）。乌腺金丝桃黄酮类化合物对体外培养的大鼠肺动脉平滑肌细胞有抑制增殖的作用，机制可能是其通过对血管紧张素Ⅱ（AngⅡ）的抑制，这可能是乌腺金丝桃黄酮类化合物具有一定的降低肺动脉高压作用的原因之一。

研究表明，乌腺金丝桃黄酮类成分能减轻佐剂性关节炎（AA）大鼠左、右后足炎症，降低血清中细胞因子白细胞介素-1β（IL-1β）、肿瘤坏死因子-α（TNF-α）的含量，证明乌腺金丝桃黄酮类成分有较好的抗炎作用。

以耳郭肿胀法及乙酸扭体法研究乌腺金丝桃的抗炎镇痛作用，结果显示其水提取物和醇提取物各剂量均有抗炎及镇痛作用。

第六节　乌腺金丝桃毒理学初步研究

乌腺金丝桃药理作用研究表明，其具有抗心律失常、抗心肌缺血、防治心衰、抗免疫炎性作用（马育轩等，2012）、抗抑郁作用（李冀等，2012）等，在其应用过程中，对其毒性作用应予以了解。本试验选取乌腺金丝桃全草的地上部分，以小白鼠为试验动物，将乌腺金丝桃制成溶液经口灌胃，通过预试验和急性毒性试验，探讨乌腺金丝桃毒性的大小，以期为今后乌腺金丝桃进一步开发利用提供一些帮助。

一、试验方法

（一）预试验

在进行正式试验之前，首先进行预试验。将 12 只小白鼠（体重 18～22g，雌鼠均未孕）随机分为 2 组，雌雄各半，灌胃前 18h 禁食、不禁水。按乌腺金丝桃粉（乌腺金丝桃植物的地上部分，恒温干燥箱 60℃烘干后用小型中药粉碎机粉碎，过 100 目药典筛制成粉剂）能溶解在水中的最大剂量、小白鼠可供灌胃所能承受的最大体积，以小白鼠灌胃针一次灌服，给药后常规饲养，观察 3d，结果预试验小白鼠全部存活。经预试验得知无法测出该药物的半数致死量（LD_{50}），说明该药物毒性很低（吕鑫等，2010），故进行乌腺金丝桃对小白鼠的急性毒性试验，观察其对机体的影响。

(二)急性毒性试验方法

初步观测不同剂量的乌腺金丝桃对小白鼠机体的影响。选取84只小白鼠,随机分为6组,每组14只,雌雄各半。1~5组为给药组,6组为对照组。试验小白鼠在(22±3)℃、无对流风人工昼夜环境下饲养,饮水、饲料清洁,保持室内卫生(沈建中,2004)。试验前在实验室饲养观察3d,灌胃前18h禁食、不禁水。按毒物的一般毒性作用及评价设计各给药组给药剂量(唐焕文和靳曙光,2010),1~5组分别为500mg/kg、5000mg/kg、15 000mg/kg、32 000mg/kg、45 000mg/kg体重。经口一次灌胃,给药体积为0.4ml,投药剂量大者(4组、5组)分2次灌胃,对照组灌胃等体积的溶剂(蒸馏水)。灌胃后2~4h复食,正常喂食和饮水,观察7d,逐一观察记录小白鼠活动情况及临床表现。试验结束时扑杀全部小白鼠,采用摘眼球采血法进行采血(李厚达,2007),将血液采集于含抗凝剂采血管中。用BC-5300vet型全自动血液细胞分析仪和V-53LEO(Ⅰ)溶血剂、V-53LEO(Ⅱ)溶血剂、V-53LH溶血剂、M-53清洁液、稀释液等试剂检测血液的部分生理指标。剖检、记录小白鼠各脏器的变化情况,计算肝重指数(杨莹等,2013)。

(三)指标的测定

血液部分生理指标的测定项目包括白细胞数目(WBC)、中性粒细胞百分比(GRAN%)、淋巴细胞百分比(LYM%)、单核细胞百分比(MO%)、嗜酸性粒细胞百分比(EO%)、嗜碱性粒细胞百分比(BASO%)、红细胞数目(RBC)、血红蛋白浓度(HGB)、血小板数目(PLT)等9项血液生理指标,见表4-6-1,肝重指数见表4-6-2。

表 4-6-1 乌腺金丝桃急性毒性试验血液指标检测结果

项目	1组	2组	3组	4组	5组	对照组
WBC /($\times 10^9$/L)	7.95±1.61	5.88±0.46	7.89±0.20	6.43±0.48	6.78±1.07	6.28±0.51
GRAN/%	18.37±1.33^a	19.83±0.26^{ab}	28.67±0.12^b	25.63±0.96^{abc}	32.03±7.59^c	18.93±0.21^a
LYM/%	70.12±2.61^a	64.10±1.48^{ab}	61.07±0.12^{ab}	57.70±1.78^b	59.47±7.42^a	68.56±1.63^a
MO/%	1.57±0.87^a	0.80±0.35^{ab}	2.33±0.09^{ab}	3.97±0.58^b	3.30±1.02^b	2.64±0.24^a
EO/%	9.67±3.77^{ac}	15.17±0.86^{bc}	7.30±0.58^{ac}	12.27±3.18^{ab}	5.03±1.13^c	9.62±0.96^{ac}
BASO/%	0.27±0.15^a	0.10±0.06^a	0.63±0.03^a	0.43±0.07^b	0.17±0.09^a	0.25±0.06^a
RBC /($\times 10^{12}$/L)	9.51±0.37	9.81±0.02	8.81±0.33	9.10±0.17	8.60±0.70	9.16±0.16
HGB/(g/L)	159.67±2.18^a	164.67±0.33^a	157.00±2.08^a	150.00±0.57^{ab}	138.67±8.67^b	148.33±6.49^a
PLT /($\times 10^9$/L)	168.33±15.50^a	122.67±27.94^a	338.33±25.01^b	249.33±25.67^{ab}	249.67±95.74^{ab}	233.33±3.93^a

注:同行数据肩标字母不同表示差异显著($P<0.05$),相同或无肩标表示差异不显著($P>0.05$)

表 4-6-2　乌腺金丝桃急性毒性试验各组肝重指数

项目	1组	2组	3组	4组	5组	对照组
肝重指数/%	0.0492±0.0015	0.0532±0.0019	0.0532±0.0012	0.0536±0.0018	0.0543±0.0006	0.0518±0.0029

注：经统计学分析，组间差异均不显著（$P>0.05$）

(四) 数据的统计分析

采用 Excel 和 SPSS17.0 软件对试验数据进行统计分析，包括平均数及差异显著性检验等。

二、结果与分析

乌腺金丝桃急性毒性试验结果与分析见表 4-6-1、表 4-6-2。经过试验发现，小白鼠灌服乌腺金丝桃溶液最大剂量后无死亡，故未测出最大耐受。试验中，除第 1 天灌胃后部分小白鼠不喜欢活动外，其他时间均活动正常，外观未见蜷缩、松毛等现象，鼻、眼、口腔未见分泌物，黏膜无充血，排便正常。7d 后采血、解剖发现，其心脏、肝脏、脾脏、肺脏、肾脏等组织颜色、形状等均未见病理学改变，且对照组和给药组小白鼠的体重总体有所增加。乌腺金丝桃急性毒性试验血液指标检测结果见表 4-6-1，急性毒性试验各组肝重指数见表 4-6-2。

由表 4-6-1、表 4-6-2 可知，随着乌腺金丝桃药物浓度的增加，小白鼠的白细胞、红细胞数量和肝重指数与对照组差异均不显著（$P>0.05$）；中性粒细胞百分比 3 组、5 组较对照组显著升高（$P<0.05$）；淋巴细胞百分比 4 组较对照组显著降低（$P<0.05$）；单核细胞百分比 4 组、5 组较对照组显著升高（$P<0.05$）；嗜酸性粒细胞百分比 4 组与 5 组间差异显著（$P<0.05$），其他组间差异不显著（$P>0.05$）；嗜碱性粒细胞百分比 3 组、4 组较对照组显著升高（$P<0.05$）；血红蛋白浓度 1~4 组升高，5 组显著下降，其中 5 组与对照组差异显著（$P<0.05$）；血小板含量 3 组、4 组、5 组较对照组明显升高，其中 3 组与对照组差异显著（$P<0.05$）。

三、讨论与结论

1. 乌腺金丝桃毒性极低

试验选用健康的小白鼠作为试验对象进行分组，前期预试验无法测出乌腺金丝桃的 LD_{50}。根据毒理学评价程序规定，在剂量达到 10g/kg 体重时仍未出现小白鼠中毒死亡表明该药物毒性极低，可不必测出 LD_{50}（王选慧，2006）。按外源性化学物质相对毒性分级标准（沈建中，2004），乌腺金丝桃急性毒性试验中最高剂量达到 45g/kg 体重，对小白鼠无急性毒性反应，基本表明其毒性极低，但能否说明乌腺金丝桃对动物机体无毒性作用，有待进一步研究。

2. 乌腺金丝桃可升高部分血液生理指标

急性毒性试验中，与对照组相比，随着乌腺金丝桃灌服剂量的增加，小白鼠血液中性粒细胞 3 组、5 组较对照组显著升高（$P<0.05$）；血红蛋白浓度 1~4 组升高，5 组下降，其中 5 组与对照组差异显著（$P<0.05$）；血小板含量 3 组、4 组、5 组较对照组明显升高，其中 3 组差异显著（$P<0.05$）。这是否与乌腺金丝桃某些药理作用，如抗免疫炎性、抗心肌缺血等有关有待进一步研究。

3. 关于乌腺金丝桃毒性的进一步检测

为了进一步研究乌腺金丝桃的毒性，可选用其他试验动物做急性毒性试验或亚急性毒性试验，而急性毒性试验时应加大给药剂量和扩大给药范围，有必要时，尚需进行 7d 喂养试验，或将乌腺金丝桃进行有效成分提取，以精确确定其毒性的大小。

参 考 文 献

安会梅, 朱若华. 2007. 荧光光度法二氢叶酸还原酶抑制剂筛选模型的建立和应用. 分析科学学报, 23(1): 79-81.
曹明明. 2012. 乌腺金丝桃与丹参配伍对心肌缺血模型动物影响的研究. 哈尔滨: 黑龙江中医药大学硕士学位论文.
董建勇, 贾忠建. 2006. 赶山鞭黄酮抗免疫性炎症作用机制的初步研究. 温州医学院学报, 36(3): 189-191.
窦志强, 戴恩来, 薛国忠. 2012. 稳心草黄酮类化合物对大鼠肺动脉平滑肌细胞增殖及血管紧张素Ⅱ的影响. 中医研究, 25(9): 55-58.
付殷. 2015. 乌腺金丝桃与黄芪配伍干预 MIRI 大鼠作用及机理研究. 哈尔滨: 黑龙江中医药大学博士学位论文.
高彦宇. 2008. 乌腺金丝桃对缺血性心脏病模型动物的药效物质基础及作用机理的研究. 哈尔滨: 黑龙江中医药大学博士学位论文.
高彦宇, 李冀, 滕林. 2009. 乌腺金丝桃提取物对大鼠离体心脏左心室功能的影响. 中医药信息, 26(4): 84-86.
何增芬. 2014. 乌腺金丝桃与丹参抗实验性快速心律失常的配伍研究. 哈尔滨: 黑龙江中医药大学硕士学位论文.
黄凯, 耿淼, 王建华, 等. 2015. 金丝桃苷对免疫性肝损伤小鼠的保护作用. 中国实验方剂学杂志, 21(19): 137-141.
黄明春, 陈剑鸿, 胡小刚, 等. 2013. 金丝桃苷对 CCl_4 诱导大鼠急性肝损伤抗氧化应激研究. 局解手术学杂志, 22(6): 588-593.
孔华丽, 胡文章, 杨新波, 等. 2010. 金丝桃苷对小鼠四氯化碳肝损伤的保护作用. 中国新药杂志, 19(19): 1794-1820.
李厚达. 2007. 实验动物学. 2 版. 北京: 中国农业科技出版社: 424.
李冀, 石鑫, 高彦宇, 等. 2012. 乌腺金丝桃抗抑郁作用的药理研究. 中医药信息, 29(2): 16.
梁桂英, 赵桂英. 2003. 兽医基础学. 吉林: 吉林人民出版社: 111, 305.
梁之彦. 1990. 生理化学（下册）. 上海: 上海科学技术出版社: 491.
卢春凤, 陈廷玉, 赵锦程, 等. 2010. 槲皮素对 INH 诱导的大鼠肝损伤及肝组织 Bcl-2 和 Bax 表达的影响. 解剖学研究, 32(1): 28-31.
鲁小杰, 黄正明, 杨新波, 等. 2007. 金丝桃苷对鸭乙肝病毒感染的保肝作用. 中药药理与临床, 23(2): 10-12.
吕鑫, 邹淑君, 贾昌平, 等. 2010. 万寿菊的镇咳作用及其急性毒性研究. 中医药信息, 27(1): 41.
马育轩, 王艳丽, 周海纯, 等. 2012. 乌腺金丝桃的化学成分及药理作用研究进展. 中医药学报, 40(6): 125-126.
秦佩, 雷志明, 吴双, 等. 2015. 槲皮素对 Con A 诱导自身免疫性肝损伤作用. 中国公共卫生, 31(6): 757-79.
沈建中. 2004. 动物毒理学. 北京: 中国农业科技出版社: 86, 156.

沈建中. 2012. 动物毒理学. 2版. 北京: 中国农业出版社: 73.
石鑫. 2011. 乌腺金丝桃水提及醇提物抗抑郁活性比较的实验研究. 哈尔滨: 黑龙江中医药大学硕士学位论文.
宋美艳, 张永辉, 朴元国, 等. 2014. 4-硝基酚对大鼠肝脏的毒性及氧化损伤. 生态毒理学报, 9(3): 500.
苏立稳, 方丹, 杨继光, 等. 1998. 中药抗肝损伤实验研究. 承德医学院学报, 15(4): 324.
唐焕文, 靳曙光. 2010. 毒理学基础实验指导. 北京: 科学出版社: 54.
滕林. 2008. 乌腺金丝桃抗小鼠心律失常及心肌缺血作用的实验研究. 哈尔滨: 黑龙江中医药大学硕士学位论文.
王丽宏, 吉红, 张宝彤, 等. 2012. 中草药保肝作用的研究进展. 添加剂世界, 11: 41.
王林枫, 赵志伟, 杨改青, 等. 2012. 急性内毒素损伤对奶山羊肝脏营养代谢的影响. 动物营养学报, 24(12): 2371.
王选慧. 2006. 金丝桃素新制剂的毒理学研究. 兰州: 甘肃农业大学硕士学位论文.
王艳丽, 马育轩, 高彦宇, 等. 2016. 乌腺金丝桃总黄酮对大鼠心肌细胞心律失常模型内向整流钾电流的影响. 中华中医药杂志, (6): 656-658.
吴全娥. 2011. 乌腺金丝桃对慢性应激抑郁大鼠的作用及机理研究. 哈尔滨: 黑龙江中医药大学硕士学位论文.
薛国忠, 戴恩来, 胡永鹏, 等. 2011. 稳心草黄酮类化合物对肺动脉平滑肌细胞增殖及其TGF-β表达影响的实验研究. 中国中医药科技, 18(4): 309-310.
闫冰, 李黎, 陈星, 等. 2013. 二至丸的保肝活性部位群对四氯化碳致小鼠急性肝损伤的保护作用. 中国实验方剂学杂志, 19(1): 216-219.
闫东. 2012. 乌腺金丝桃正丁醇萃取物抗快速型心律失常物质基础及机制研究. 哈尔滨: 黑龙江中医药大学博士学位论文.
杨句容, 魏来, 赵春景. 2010. 槲皮素对实验性大鼠急性肝损伤的保护作用. 现代医药卫生, 26(11): 1601-1602.
杨应兄, 戴恩来, 薛国忠, 等. 2011. 稳心草黄酮类化合物对大鼠肺动脉平滑肌细胞增殖及培养液中ET-1水平的影响. 中医研究, 24(4): 14-15.
杨莹, 张永萍, 梁光义, 等. 2013. 小花青风藤胶囊的保肝作用研究及其急毒实验. 中国现代医药应用药学, 30(11): 1167.
杨志刚, 潘龙银, 王心睿, 等. 2015. 苦瓜甾醇对对乙酰氨基酚致小鼠肝损伤的保护作用. 天然产物研究与开发, (12): 2031-2034.
叶绿萍, 黄志俭, 刘小意, 等. 2011. 赶山鞭水提取物及醇提取物毒性及抗炎镇痛作用. 中国实验方剂学杂志, 17(17): 204-205.
岳利民, 崔慧先. 2015. 人体解剖生理学. 6版. 北京: 人民卫生出版社: 73.
周琼, 刘芳萍, 刘颖姝, 等. 2012. 四氯化碳致小鼠急性肝损伤动物模型建立方法的研究. 东北农业大学学报, 43(6): 77-80.
周晓娟, 王超. 2013. 槲皮素对大鼠慢性酒精性肝损伤的保护作用. 长江大学学报(自然科学版), 10(33): 8-10.
朱安妮, 李蕊, 刘三海, 等. 2014. 四氯化碳诱导小鼠急性肝损伤模型的建立和优化. 中国肝脏病杂志(电子版), 6(1): 29-30.
Choi JH, Kim DW, Yun N. 2011. Protective effects of hyperoside against carbon tetrachloride-induced liver damage in mice. J Nat Prod, 74(5): 1055.
Xing HY, Liu Y, Chen JH, et al. 2011. Hyperoside attenuates hydrogen peroxide-induced L02 cell damage via MAPK-dependent Keap1-Nrf2-ARE signaling pathway. Biochem Biophys Res Commun, 410(4): 759-765.

第五章　乌腺金丝桃繁育技术研究

乌腺金丝桃的种子是其主要繁殖器官，种子的千粒重为 0.136g。

第一节　田间栽培技术

一、育苗技术

(一) 播种前的准备和种子处理

由于乌腺金丝桃种子特别小，如果采取在露地直接播种的方式进行繁殖，有诸多困难难以克服。若覆土浅，多数种子接触不到土壤水分，无法进行生理活动，不能正常吸水萌芽；若覆土深，种子虽然可以吸水，但是发芽后又难以拱土出苗。所以一般在没有微喷设施的情况下，采用塑料薄膜覆盖或温室盘育苗的方法较实用。这样保温保湿有利于发芽、精细管理，同时还能有效利用积温，促进植株早生快发，当年播种当年开花。

1. 播种前准备工作

播种前需要准备的材料用具包括：塑料育苗盘（规格为 60cm×30cm×8cm）、塑料地膜、过 6 目细筛的田土、有机质、有机肥、6 目和 12 目细筛、赤霉素、喷雾器等。

将已经过 6 目筛的田土、有机质、有机肥按 5：3：2 的比例拌匀，拌土之前适当加入少许硝基腐殖酸，因为乌腺金丝桃原产地土壤略呈酸性，所以在配制育苗土的时候把土壤酸度调整到原产地的酸度，使 pH 在 6.3~6.8，把配制好的育苗土装入育苗盘内，装满搂平，通过浸盘的方式使底土吸足水分，然后把苗盘有序地摆放在事先翻细搂平的温室棚内床面上，苗盘底部与苗床充分接触，四周用细土封严准备播种。

2. 种子处理

播种前，种子要加入浓度为 200mg/L 的赤霉素浸泡液，浸泡液没过种子，将容器密封后置于 25℃环境下，静置 6h 后，将种子捞出沥掉浸泡液，摊放在托盘中，在通风的室内环境下，至种子表面的浸泡液风干，将粘连的种子轻揉松散，获得处理后的种子待用。

(二) 播种

播种时期可早也可晚，早播种早移栽则早开花早成熟；晚播种晚移栽则晚开花晚成熟，但是，播种过晚就保证不了当年开花了。在吉林地区一般随着温室花卉育苗同时进行乌腺金丝桃的育苗，从2月10日开始。

由于乌腺金丝桃的种子特别小，若要达到播种均匀的效果，必须用细土拌种后再播种的方法，所用细土要求过12目细筛。以每盘用量计算，一般种子2000粒，折合重量为0.272g，用细土250g，这个细土要求有一定湿度又不能过湿，过湿与种子难以拌匀，且难以播匀，细土过于干燥播种的时候由于相对密度不同还是难以播种均匀。此时的土壤含水量是田间持水量的70%，按上述每盘的种子、细土拌匀后用6目细筛均匀播种，播种后不再覆土，育苗盘上覆地膜。

乌腺金丝桃发芽期间对温度要求比较严格，可以发芽的温度是18~32℃，最有利于发芽的温度是22~28℃，低于18℃不发芽，高于32℃虽然能发芽但是高温导致徒长、苗弱。温度达到36℃时就抑制出苗了。所以播种后白天要保持温室内温度在20~30℃，夜间保持室内温度不低于14℃。

(三) 揭膜

在温度控制得当的情况下，一般7~10d乌腺金丝桃的种子就可以发芽出土，这时期每天注意观察苗盘内发芽情况，当见到苗盘内有种子发芽、苗盘土表面微微变绿时，就应该及时把地膜揭掉。及时揭膜既能防止小苗高温徒长，又能防止高温烧苗现象的发生，同时对小苗的炼苗起到了很好的作用。早炼苗，根系发达，移栽的时候缓苗快，容易发根。炼苗时一般首先把背风一侧的棚膜下落，根据需要降温的程度掌握棚膜下落的大小，总之大降温大降落，小降温小降落。前期绝不能在迎风面落膜通风，尤其不能在迎风面大通风。一般揭膜之前不需要浇水，但是揭膜后必须用细孔喷壶或喷雾器及时浇水。浇水的原则是早晨看见叶尖有水珠，这说明土壤中和植株体内不缺水分，不缺水则不浇，缺水则浇足、浇透。所浇水分应该是在桶内储藏过一夜的常温水，不能浇从地下刚刚抽出的凉水。凉水与土壤温差太大会导致植株生长停止。

(四) 除草

吉林地区杂草种类及发生规律调查结果表明，吉林地区的杂草种类繁多，共有杂草22科56种。依据吉林地区的实际情况，主要杂草28种，单子叶杂草6种，双子叶杂草22种。以菊科、禾本科杂草种类居多，其中一年生杂草占60%以上，以禾本科的马唐、稗草、狗尾草等危害严重；多年生杂草占27%左右，以蒲公英、苣荬菜、大蓟和小蓟等数量多、危害大；越年生杂草不到13%，以看麦娘为主。通过对马唐、稗草全生育期内的观察和分析，结合相关资料，总结出吉林地区乌腺金丝桃种植过程中杂草的防治方法。小面积种植时，杂草主要依靠人工拔除，大面积种植时要以化学除草剂为主，当育苗盘内禾本科杂草3叶期左右时，按说明书使用以下三种农药——精禾草克、精喹禾灵、精稳杀得之一，就可以有效地杀灭禾本科杂草，其余双子叶杂草要依靠人工拔出。除草的原则是除早、除小、除了。除草一定要及时，坚决不要等杂草长大把小苗欺住再去处理杂草，那样将会事倍功半，既费人工又影响乌腺金丝桃小苗的生长。

育苗盘中播种乌腺金丝桃种子

育苗盘中刚萌发的乌腺金丝桃种子

在育苗盘中的乌腺金丝桃幼苗 1

在育苗盘中的乌腺金丝桃幼苗 2

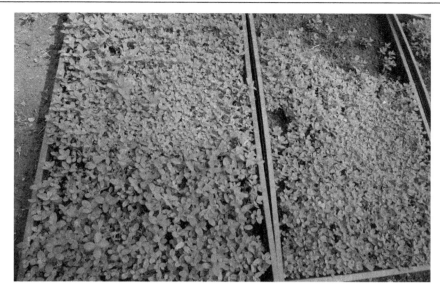

在育苗盘中的乌腺金丝桃幼苗 3

二、移植技术

乌腺金丝桃幼苗的移植分两阶段，即移植和定植。

（一）移植

在育苗盘内育出的小苗生长到 30d 左右时，在盘内彼此争光、争养分，这时直接向露地移栽有很多困难，一是当地土壤没有解冻，二是即便是晚育苗，外界也已经过了晚霜期，三是苗小移到露地不易管理、不易成活，所以必须有一个把小苗从育苗盘移到连体钵盘的过程，这个过程就称为移植。

1. 钵盘的准备

连体钵盘的大小一般是 60cm×30cm×10cm，一个钵盘内一般根据钵的大小分为 48 孔和 54 孔不等，孔数越多每钵的体积就越小。以 54 孔连体钵盘为例，育苗时一个育苗盘应该对应 18 个钵盘，大约 1000 株幼苗。

2. 翻地

在棚内把育苗床翻地 20cm，打碎土块并把干土搂平。

3. 育苗土的准备及装盘

育苗土与播种时土壤的类型和比例基本一致，但是对过土筛子的要求目数要比前期适当小些，3～4 目比较适合。一个钵盘需要配制好的营养土 6kg。把钵盘放在硬底平地便于移苗的地方装满营养土开始移栽。

配制播种及移苗用营养土

4. 移栽

把育苗盘内的小苗向钵盘内移栽。这时小苗地上部分高 5～6cm，8～10 片叶，地下根系长 4～5cm，移植前先向装满土的育苗盘适当浇水但是又不要积水，把苗用镊子夹住根系移植到钵盘内，移植到钵盘的小苗按照栽植深浅的原则，在育苗盘生长时地上部分仍然在地上，原来在地下生长的部分仍然在地下。一般移植完 5～6 盘钵盘时就及时向钵盘内浇足水分，过 15min 左右把已经浇过水的钵盘整齐摆放并尽可能嵌入已经翻好搂平的苗床上。

向连体钵内移苗

向已经移苗的营养钵中浇水

刚刚移入营养钵的乌腺金丝桃幼苗

营养钵中开始生长的乌腺金丝桃幼苗

5. 移植后温度、湿度的管理

移植后 4~5d 为缓苗期，以保温为主，其间一般不通风，以提高棚内的地温和气温。乌腺金丝桃移植后尽量保持日间温度 25~30℃，夜间温度 10~15℃。如果温度过高可以适当在背风面通风，阴天、晴天中午要适当通风排湿，控制棚内湿度在 80% 左右。如遇到寒流或晚霜要注意保温，避免遭遇冻害。在播种晚、移植晚的情况下，移苗的钵盘也可以直接摆放到露地上，移栽后应该在苗床上支竹拱棚、苫遮阳网 4~5d，防止移栽后强烈的阳光照射导致幼苗失水、缓苗困难而死亡。

乌腺金丝桃育苗床和育苗棚

6. 移栽后肥水的管理

移栽后幼苗根系还相对较弱，具有喜肥不耐肥的特点。追肥应该本着薄肥勤肥、前轻后重的原则进行分次追肥，一般主张追有机肥，以充分发酵的液体的猪粪尿较好。有机肥的优点是养分全，并且均衡，尤其可以补足微量元素的优点是其他任何肥料所不具备的。苗期养分全，不缺微量元素，为它一生的生长都奠定了基础。移植后定植前上述有机肥追施2~3次为最佳。每次追肥后都要结合浇水，既能冲掉黏附在乌腺金丝桃叶片上的有机肥料，又有利于根部养分的充分吸收。水要浇足，并且要有水箱或大的储水罐，保证所浇水分与土壤之间尽可能缩小温度差。当移栽后的小苗直立生长，叶尖早晨吐水时，就说明移栽成活，这时要及时把苗床上的遮阳网撤掉，以利于小苗接受阳光，苗壮生长。幼苗移栽到钵盘后其生存生长环境得到了明显的改善，每株生存的空间大了，可以得到充足的光照和足够的营养。每天的生长量与移植前相比有了明显的增长。移栽后缓苗前每天以浇足水为主，缓苗后浇水要看天、看土、看苗进行。晴天早上浇、阴天少浇、雨天不浇；土湿不浇，当土壤湿度在50%以下时浇水，每次一定浇透；植株早晨叶尖不吐水珠或水珠小、叶片上举程度不够同样是缺水的表现。植物自身的生理机能决定了其干旱时根系发达，以便能更多地从地下吸水来维持生命，通常所说的"干长根、湿长芽"就是这个道理。所以这期间尽可能适当控制水分，不缺不浇，从而促进根系早生快发；同时控制地上部位的生长，达到茎粗、苗壮的效果。这样管理持续30~70d，植株叶片数达到20~22片、株高达到10~15cm、露地晚霜期已经过去时就可以移植到露地定植。

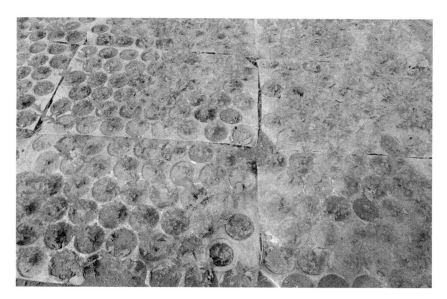

达到露地移栽标准的乌腺金丝桃幼苗 1

达到露地移栽标准的乌腺金丝桃幼苗 2

达到露地移栽标准的乌腺金丝桃幼苗 3

(二) 定植

此前种子播种到育苗盘内,长出的小苗移栽到连体钵盘,现在又把连体钵盘内的苗移栽到露地上,经过这次移栽后乌腺金丝桃的苗便不再移栽了,而是固定在所移栽的位置。农业上把所育的苗移植到固定的地方称为定植。

1. 整地

根据气候条件、机耕设备条件、人力资源条件、栽培制度、土壤条件等来确定整地方法和时间。

1) 秋耕

主要用翻耕的方法,耕翻深度在 15～30cm,大型机具耕翻深度可达 20～30cm,一般小型农机具耕翻深度在 15～25cm。耕翻时应该注意:不要将生土翻上来,要保证"熟土在上,生土在下,不乱土层";耕翻深度应该根据土壤特性、作物种类灵活掌握。土层厚的、土质黏重的宜深些,乌腺金丝桃根系比较发达,耕翻深度在 20～25cm 比较适宜。

2) 春耕

主要是将秋天已经耕翻的地块耙地、镇压、保墒,给未秋耕的地块进行春耕,为乌腺金丝桃钵苗的定植做好准备。已经秋耕的地块,当土壤化冻 5cm 左右时,即开始耙地。凡是早春进行播种或定植的地块,都应该争取秋耕,如果不得不改为春耕时,要尽早进行。因早春气温低、土壤湿度大,早耕对土壤墒情影响小。春耕宜浅,土壤化冻深度达到 16～18cm 时即可翻耕。

2. 起垄

无论采用机械还是畜力起垄都要保证垄宽达到 65cm、垄高 20cm,确保各垄大小均匀整齐、走向一致,平地以地块长边为垄的走向,坡地以等高线为垄的走向。

3. 幼苗定植

1) 对苗盘进行浇水

定植的前一天应该对苗盘浇一次透水。浇透水后一般第二天运输和移栽过程中能始终保持根系与土壤处于不分离的状态,不至于因运输过程蒸发导致幼苗萎蔫造成生理失水。一般要根据土壤类型掌握浇水的多少,原则是便于运输、根不散坨。

2) 运输装卸

无论是就近移栽还是距离稍远,都涉及运输装卸的问题。一般这时苗的茎秆和叶片都具有很好的弹性,所以可以采取苗盘直接压苗盘的摆放方法,实践证明装车时 10 盘苗连续叠压后并不影响苗的移栽和成活。如果更多的苗需要同时运输就应该采取防止挤压的措施,如搭架、分格等,以免最下层的苗被挤压而影响成活率。运苗途中注意行驶速度不要太快,切忌急刹车,防止大的颠簸,这些注意事项都是保证幼苗在钵盘中不被挤压折断、根系土坨不散,以及定植成活率高的有效措施。卸苗的时候一定要轻拿轻放,由于路边、地头空地面积有限,原则上还要像运输过程一样,苗盘叠放,叠放高度以 5～6 盘比较适宜,各盘之间尽量紧凑,上部盖上苫布。叠放和加盖苫布除减少占地面积之外,更重要的意义是减少水分的散失。原则上当天运输当天定植完毕,不留隔夜苗。

装运移栽的乌腺金丝桃幼苗

3) 开沟

一般采用人工的方式在已经形成的垄中间开沟,深度 13cm 左右,保证深浅一致、左右整齐。向沟内均匀施入计划量的底肥。

整地

4）喷施农药

使用农药的目的是对土壤进行消毒。将高锰酸钾稀释成400～600倍的水溶液，用喷雾器均匀喷于表土，可有效防止茎枯病、根腐病的发生。使用高锰酸钾有4点注意事项：一是配制高锰酸钾水溶液，一定要用清洁水、流动水，绝不能用污水、死水、淘米水等，否则会降低其氧化灭菌功能。二是高锰酸钾在热水、沸水中易分解失效，故配制水一定要是普通凉水。随配随用，忌配后久放。三是称量要精确。浓度过低，起不到氧化灭菌功能；浓度过高，既造成浪费，又抑制根系生长。四是高锰酸钾水溶液只能单独使用，不能与任何农药混配混用，否则会严重影响高锰酸钾的作用。要与其他农药错开使用。

5）钵苗的摆放，是合理密植的关键

合理密植是增加乌腺金丝桃生物产量的重要措施。通过调节单位面积内植物个体与群体之间的关系，使个体发育健壮，群体生长协调，达到高产的目的。合理密植，有利于充分利用光能，提高光合效率。种植过密，植物叶片相互遮盖，只有上部叶片能进行光合作用；种植过稀，部分光能得不到利用，光能利用率低。多年的试验结果证实，在行距65cm的情况下，株距25～30cm，每10 000m^{2}保苗51 000～65 000株是比较适合乌腺金丝桃植株生长的合理密度。摆放钵苗之前要根据钵内含水量的多少来确定是否需要向钵内补充水分，如果钵苗从钵内拿出来轻轻放到指定位置时根系仍能与它附近的土壤黏附在一起、土不散坨，就不必补充水分；如果带着苗的土坨从钵内拿出来的过程中或者放入沟内的过程中土坨松散、根系与土壤分离,就说明钵内土壤水分过低,应该向钵内补充适当的水分,方法是用喷雾器或者细孔喷壶向钵内喷水或者浇水,掌握喷水或浇水的量,水分过多,土壤稀、黏,无法从钵内取出幼苗,即使能取出来放到沟内,根系与土壤也处于分离的状态;水分过少,缺乏黏附性,摆放过程中根系与土壤分离,同样起不到钵苗移栽不缓苗的作用。当水分适当时,钵苗很方便快捷地就可以从钵内取出来,栽植后直接生长而没有缓苗的过程。

露地移栽乌腺金丝桃幼苗

6) 覆土

覆土是采用人工的方式,给摆放在沟内的钵苗根系附近培土,并适当做出存水盘,同时把苗摆正的一个过程,为接下来的浇水创造了一个便于被吸收又不流失的良好基础条件。

7) 浇水

定植后保证根系有充足的水分,是决定定植成活及提高成活率的必备条件。确定定植具体日期要综合多种因素。整地起垄结束时,钵苗基本就可以定植了,但是在时间略有弹性的情况下要以天气预报降雨的日期来确定定植的日期,定植后就降雨是成活率最高、最节约成本的理想模式。多数情况下做不到定植与降雨理想地吻合,这就必须做好浇水的充分准备,用水车在覆过土的钵苗附近浇足水分,浇水时要保证出水口的冲力大小适当,太大容易把根系附近土冲走,太小影响进程。

8) 合垄

定植浇水后间隔30~40min,所浇水分充分被土壤吸收,此时将开沟定植的垄进行人工合垄,合垄后所定植的幼苗根系充分与土壤接触。合垄时覆土的深浅,以原来钵苗地面部分与现在的垄面基本在一个平面为标准。

开始露地生长的乌腺金丝桃幼苗

4. 施肥

施肥原则上以有机肥为主,以化肥为辅。

乌腺金丝桃生产的最终产品是以入药为主而非观赏,有机肥中营养元素全面、释放缓慢且有利于营养成分的合成和积累。尽管化肥营养元素含量高,但营养单一、释放快,易产生肥害。

1)有机肥的类型

有机肥一般包括以下几种类型。

商品有机肥:由生产厂家经过微生物腐解处理过的有机肥,其病原菌及杂草种子等经过好氧高温处理基本死亡,只要是正规厂家生产的有机肥、质量符合NY 525—2012 行业标准即可放心使用。

堆沤肥:可称为农家肥,是用畜禽粪便及秸秆类有机物料堆制发酵而成,若确保充分腐熟亦可放心使用。

绿肥:一般是豆科植物种植后回田使用,如紫花苜蓿、紫云英等。

2)有机肥的作用

①可以逐渐提高土壤有机质含量。作为多数养分循环反应的推动力,有机质除了可以提供植物生长所需的碳源及中、微量元素外,部分有机质成分还具有解毒作用。通常,在含有机质较多且矿化条件正常的土壤及施用有机肥的土壤中生长的作物一般较少发现植物生理缺素症。②有机质对土壤化学性质的影响在于其经微生物分解的产物及植物根系的分泌物均能作用于土壤矿物质,并能加速其元素溶解,改善生物有效性。有机质对土壤中阳离子交换量有很大影响,能增大土

壤吸肥保肥能力,并对土壤 pH 有较大稳定作用与缓冲作用。③有机肥在补给土壤养分的同时,还能激活土壤原有养分的活性。研究表明,施用有机肥能增加土壤锌、锰、铁等微量元素的有效性,补偿作物根际养分亏缺,有助于改善作物的营养元素状况。有机肥含有氨基酸、蛋白质、糖、脂肪及腐殖酸等各种有机养分,其中,可溶性糖、氨基酸及有机氮等可被植物直接吸收利用,对改善作物品质具有重要意义。④施用有机肥可将大量的有益微生物及其酶系带入土壤,同时也给土壤微生物提供了大量养分和丰富的酶促基质,加速了有机物的分解、转化,活化了土壤养分,进而提高了土壤的供肥能力。⑤有机肥施用有利于土壤新陈代谢。其在分解过程产生的 CO_2 是土壤 CO_2 的重要来源。施用有机肥可增加土壤 CO_2 的释放能力,提供了丰富且能被植物直接吸收利用的 CO_2 养分,从而提高了作物的光合效率。同时,土壤 CO_2 浓度的增加也促进了土壤与外界环境的气体交换,改善了土壤的吸收状况,使土壤固相、气相、液相更加协调。⑥有机肥含有对植物生理有帮助的活性物质,如抗生素等,能增强作物的抗逆性和对不良环境的适应能力。

3) 施肥用量及方法

用畜禽粪便及秸秆类有机物料堆制发酵的有机肥用量一般每亩[①]2000kg 左右,使用商品有机肥一般每亩 300kg 左右。施用方法是,当有机肥比较充足时,在整地前均匀散扬到地表,使肥料随着整地进入土壤当中。当有机肥不是很充足时,在开沟定植前把有机肥均匀施到沟内,这就是农民常讲的"肥多一大片,肥少一条线"的施肥策略。

化肥在开沟后摆苗前施入,根据试验结果,施用量为每公顷磷酸二铵 50kg、尿素 30kg。这个施肥量对缓苗后生长特别具有促进作用。

第二节 栽培密度对乌腺金丝桃地上部分生物量及形态变化的影响

一、材料与方法

(一) 试验地概况

试验地设于吉林省吉林市昌邑区吉林农业科技学院九站校区试验田的同一地块,土质及肥力基本一致,其他的环境因素(如光照、土壤含水量等)也基本相同,该地块处于平原地带,属大陆性季风气候。

(二) 试验设计及调查方法

本试验共设置 4 个处理(即 4 个密度水平,株距×行距):15cm×65cm(Ⅰ)、

---

① 1 亩≈666.7m²。

25cm×65cm（Ⅱ）、35cm×65cm（Ⅲ）、45cm×65cm（Ⅳ），每个处理3个重复，按照随机区组试验的排列方法排列。试验所需乌腺金丝桃于2013年通过种子育苗移栽到试验地中，2014年春季萌发后进行观测。在试验田中育苗，达到预期苗龄后进行移栽，移栽时尽量保持苗的生长状况大致相同。经过正常的田间管理，分别于2014年5月、7月进行生长指标及其生物量的测定。

采用随机抽样的方法，在不同种植密度的竞争类型中抽取9株样株（即每重复随机抽取3株）作为观测样本，同时做好标记，定期观察，每年的5月开始对乌腺金丝桃的生长情况进行观察及测量，每10d记录一次植株的形态变化。记录测定的株高、叶对数、分枝数等生长指标。生物量的测定方法是，在盛花期，每个种植密度抽取3株样株（即每个重复随机抽取1株），分别对茎、叶、花的生物量测定；在果实成熟时，每个种植密度抽取3株样株（即每个重复随机抽取1株），分别进行茎、叶、花及果实的测定。

测定工具为卷尺（精确到0.1cm）、电子天平（精确到0.01g）。

（三）数据采集及分析

于2014年7月、9月进行两次生物量测定。在茎底部用园艺剪刀将植株剪断，分别测量其根、茎、叶的鲜重，之后带回实验室在烘箱[(105±2)℃]中杀青30min，取出冷却称重，再在85℃下烘干24h，得到测量数据。

数据用SPSS17.0软件进行单因素方差分析（one way ANOVA）等。

二、结果

（一）不同栽培密度对分枝数的影响

不同栽培密度对分枝数的影响如图5-2-1所示。可以看出，乌腺金丝桃在移栽后前30d分枝数增加较慢，其中在30~40d分枝数增长最快，60d后植株分枝几乎保持不变，其数目达到37个左右。对不同栽培密度下分枝数的方差分析得出，$F=0.012$（$P>0.05$），表明各处理组间没有显著差异。

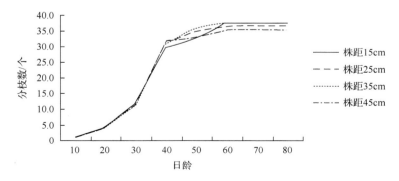

图5-2-1 不同栽培密度对分枝数的影响

(二)不同栽培密度对叶对数的影响

不同栽培密度对叶对数的影响如图 5-2-2 所示。可以看出,乌腺金丝桃移栽后,在前 30d 叶对数增加较慢,30～50d 增加最快,60d 左右叶对数达到最多,其数目达到 23.2 对左右。随后在 70d 左右叶对数逐渐减少,叶对数减少是由于靠近根部叶脱落。对不同栽培密度下叶对数的方差分析得出,$F=0.096(P>0.05)$,表明各处理组间没有显著差异。

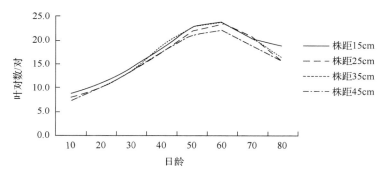

图 5-2-2 不同栽培密度对叶对数的影响

(三)不同栽培密度对株高的影响

不同栽培密度对株高的影响如图 5-2-3 所示。可以看出,乌腺金丝桃移栽后,前 35d 增长较慢,35～50d 植株的株高增长最快,60d 以后株高不再增加,其高度达到 65cm 左右。对不同栽培密度下株高的方差分析得出,$F=0.014(P>0.05)$,表明各处理组间没有显著差异。

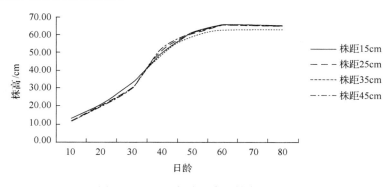

图 5-2-3 不同栽培密度对株高的影响

(四)不同栽培密度对生物量的影响

1. 不同栽培密度对总生物量的影响

不同栽培密度对总生物量的影响情况如图 5-2-4 所示。可以看出,茎(枝)的生物量最大，叶其次，花的生物量最小，但花与叶差别不大。不同栽培密度下茎（枝）、叶、花生物量在总生物量中占的比例大致相同，其比例约为茎（枝）：叶：花＝2：1：1。

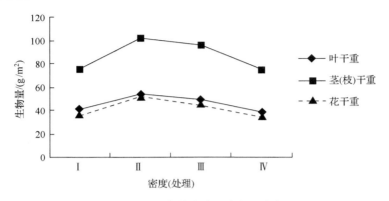

图 5-2-4 不同栽培密度下各部分生物量

2. 不同栽培密度对叶生物量的影响

通过对数据处理得到：处理Ⅰ的叶平均生物量为 40.453g/m²，处理Ⅱ的叶平均生物量为 53.931g/m²，处理Ⅲ的叶平均生物量为 49.394g/m²，处理Ⅳ的叶平均生物量为 38.168g/m²。对不同栽培密度下叶生物量的方差分析得出，$F=0.006$（$P<0.05$），表明各处理组间生物量有显著的差异。之后进行了多重比较，结果表明，$P(Ⅰ、Ⅱ)=0.015<0.05$、$P(Ⅰ、Ⅲ)=0.003<0.01$、$P(Ⅰ、Ⅳ)=0.002<0.01$、$P(Ⅱ、Ⅲ)=0.085>0.05$，$P(Ⅱ、Ⅳ)=0.027<0.05$，$P(Ⅲ、Ⅳ)=0.317>0.05$，即处理组Ⅰ和处理组Ⅱ有显著性差异，处理组Ⅲ、Ⅳ有极显著差异；处理组Ⅱ和Ⅲ间没有显著差异，处理组Ⅱ和Ⅳ间有显著差异，处理组Ⅲ和处理组Ⅳ间没有显著差异。

3. 不同栽培密度对茎（枝）生物量的影响

通过对数据处理得到：处理Ⅰ的茎（枝）平均生物量为 75.234g/m²，处理Ⅱ的茎（枝）平均生物量为 102.218g/m²，处理Ⅲ的茎（枝）平均生物量为 96.633g/m²，处理Ⅳ的茎（枝）平均生物量为 74.671g/m²。对不同栽培密度下茎（枝）生物量的方差分析得出：$F=2.445$（$P>0.05$），表明各处理组间没有显著差异。

4. 不同栽培密度对花生物量的影响

通过对数据处理得到：处理Ⅰ的花平均生物量为 35.640g/m²，处理Ⅱ的花平均生物量为 52.432g/m²，处理Ⅲ的花平均生物量为 44.026g/m²，处理Ⅳ的花平均生物量为 34.020g/m²。对不同栽培密度下花生物量的方差分析得出，$F=0.635$（$P>0.05$），表明各处理组间没有显著差异。

三、讨论

植物个体为适应外界环境可以通过改变其构件特征而表现出高度的形态可塑

性,从而最终影响植株对环境资源的利用。我们知道一个生长良好的植株必然有一个合理的树冠系统去截获生长必需的光资源,枝条的伸长生长和分枝格局的建立最终决定了枝冠的形状和叶的分布。影响植物形态的主要环境因子是光,对光资源的竞争关系到植物物质和能量累积,植物利用光资源的主要生存对策是以最小的机械支持代价获取最大的叶面积指数,如果在光资源匮乏的环境中,植物则必须产生更多的分枝来支持叶对光的截取。植物的株高、冠幅等生长指标是反映植物生长情况的重要指标。栽培密度对植物生长指标产生影响,通过测量植物生长指标来了解栽培密度的影响。

本项研究初步确定了栽培密度与乌腺金丝桃形态变化及生物量之间的关系,为进一步优化乌腺金丝桃的栽培技术提供了一定的依据。

在本研究中,乌腺金丝桃的株高、叶对数、分枝数等在不同栽培密度下没有表现出差异性,可能是由于乌腺金丝桃植株的形态变化,特别是分枝数和叶对数比较稳定,受环境条件影响较小,主要是遗传因素在起作用。

生物量随栽培密度的不同而呈现不同的变化形式。花和茎对栽培密度的反应不敏感,表现为生物量差异不显著;而叶的生物量变化显著,显示栽培密度会改变叶的生长状况。叶的有效成分含量较高,达到 $53.931g/m^2$。例如,金丝桃素的含量仅次于花,而黄酮的含量则高于花和茎,为最高。叶总生物量远大于花,其最终产生活性成分的总量也会大,因此,通过改变栽培密度来提高叶的生物量,具有明显的经济意义。

在本项研究中,叶对数、分枝数及株高的量化指标受栽培密度影响不是特别显著,也可能栽培密度的安排尚未达到该种植物的最高耐受极限,因而生物量等指标差异表现不是很明显;另外,也可能行距较大,在一定程度上缓和了对株距改变的影响。所以,以在今后的实验中,在前期研究基础上,应进一步制定更大或更小栽培密度设计,以确定栽培密度的极限值。虽然叶对数、分枝数及株高没有显著差异,但低密度的栽培方式在成本上会有所降低,因此选择适当的低密度栽培方式也是有意义的。

由于本节的研究工作仅限于乌腺金丝桃一个完整的生活周期,因此不同年间气候的变化是否也会影响到形态和生物量的变化,尚需进一步研究。

第三节 田间管理技术

一、浇水

尽管定植的苗来自于钵盘内,理论上讲根系带着土坨下地,根际土壤没有被破坏,定植时浇足水分没有缓苗的过程,但是实际操作难免由于个别钵盘失水过多、定植过程散坨或苗的摆放位置不正确而重新移动,或放苗的时候有扔苗的用力过程,导致土坨松散,这样定植后就必然要有一部分苗有缓苗的过程。定植后如果几天内没有降雨且气温较高，就应该采取各种措施及时补充水分，确保定植的钵苗全部成活。

二、补栽

无论多么完备的设施和技术，都无法达到百分之百成活的效果。所以在定植的同时就应该有一部分密植的备用苗，当定植缓苗后及时补栽。这是保证全田密度的一项有效且重要的措施。

三、除草松土

定植的地块要做到勤除杂草。除草的原则是：除早、除小、除了。也就是说在杂草很小的时候就早动手、每次除净。除草越晚，草越大、根系越发达，越难除净。杂草在生长过程中与人工栽培的植物争水、争光、争养分。大自然的规律永远是自然选择的对自身有利，人工选择的对人类有利。栽培的乌腺金丝桃只有在人为干预下生长占据优势时才可以自然生长。因为是穴栽，所以在除草的同时可以用锄头松土，松土不宜过深。每松土除草两次要进行一次趟地。民间讲"三铲不如一趟"，说的就是趟地在栽培管理过程中的重要性。至于除草、松土、趟地的次数要根据实际情况决定，到乌腺金丝桃的植株长到基本封垄时当年铲趟就可以结束。

四、收割

乌腺金丝桃在吉林地区，如果播种育苗早，那么在6月初定植，管理得当，当年就能开花、结果、甚至种子成熟。10月初就可以全株收获、提取入药。即便不收获植株等产品，下霜前后也要把地上部分割掉、运到地外，这样有利于它第二年的生长。

五、浇封冻水

乌腺金丝桃属于多年生草本植物，是长白山地区野生物种，根在土壤中越冬，无论冬季多么寒冷，不加任何覆盖物都不会被冻死，第二年早春4月中旬温度、水分条件具备时，自然发芽。乌腺金丝桃根系浅，虽然不会被冻死，但是如果冬季降雪特别少，持续时间长，导致土壤严重干旱，那么根系就会因为干旱失水而死亡。在我们栽植的7年间，没有遇到因为冬季干旱而导致死亡的现象。但是，当大面积栽植的时候，一定要把浇封冻水和早春浇水纳入田间管理的日程中。因为在吉林当地确实遇到过类似现象。例如，2011年冬季及2012年春季5个月内只降了两次小雪，随后短时间升华散失，导致山葡萄、黑心菊等一些极其抗旱、抗寒的植物死亡的现象发生。

六、第二年及后期的日常管理

（一）早春浇水

在吉林地区 4 月 5 日左右，土壤化冻 18～20cm，这时乌腺金丝桃靠近地表的根部便开始萌发新芽，这些芽属于不定芽。芽在出土之前是红色的，出土后逐渐由红变绿，通过叶绿素进行光合作用，合成有机质。每株乌腺金丝桃一般可以萌发 35～40 个不定芽，由于营养和水分的供给，这 40 个左右不定芽最后只有 15 个左右继续发育形成当年的植株，其他萎蔫自然死亡。吉林地区早春一般风大，容易造成土壤干旱，加之不定芽多发生在靠近地表处，所以不定芽在发育过程中往往因为缺乏水分而导致发育终止，根据观察，干旱越严重、持续的时间越长，最终能发育成植株的芽就越少。所以，早春浇水对不定芽发育成植株是至关重要的一项技术措施。浇水的时间应该在 4 月 10～25 日，根据土壤干旱情况浇水 1～2 次，喷灌、漫灌均可。有条件的地块最好上喷灌系统，这样所浇水分能够模仿自然降雨，水滴细小、慢慢滋阴，对保持地温、根系吸收、节约用水、疏松土壤都非常有利。

（二）除草

除草是乌腺金丝桃生长全过程都不能缺少的措施。这里的乌腺金丝桃是人工选择的、对人类有益的。从进化论的角度讲："人工选择的，对人类有利，但对动植物本身不利；自然选择的对人类不利，但对动植物本身有利。"所以不依靠人为干预，栽培的乌腺金丝桃在群体中永远也比不过杂草的生存优势。除草是调整乌腺金丝桃栽培种与杂草竞争的最有效措施。

在现有研究水平下，我们采取化学除草与人工锄草相结合的措施。当禾本科杂草 3～5 叶的时候用精禾草克、精喹禾灵或精稳杀得三者之一进行叶面处理，可以有效杀死禾本科杂草，剩余的双子叶杂草采取人工的方法锄掉。以精喹禾灵为例，它是一种芳基苯氧基丙酸类选择性、内吸传导型、茎叶处理低毒除草剂，在禾本科杂草与双子叶作物之间有高度选择性。茎叶可在几小时内完成对药剂的吸收作用，药剂在植物体内向上部和下部移动。药剂对一年生杂草在 24h 内可传遍全株，使其坏死。一年生杂草受药后，2～3d 新叶变黄，停止生长，4～7d 茎叶呈坏死状，10d 内整株枯死。多年生杂草受药后，药剂迅速向地下根茎组织传导，使之失去再生能力。常用剂型为 5% 乳油。精喹禾灵主要用于乌腺金丝桃、大豆、棉花、花生、甜菜、番茄、甘蓝、葡萄等双子叶作物田，防除稗草、马唐、牛筋草、看麦娘、狗尾草、野燕麦、狗牙根、芦苇、白茅等禾本科杂草。防除一年生禾本科杂草，在杂草 3～5 片叶时，每亩用 5% 乳油 40～60ml，兑水 40～50kg 进行茎叶喷雾处理。防除多年生禾本科杂草，在杂草 4～6 片叶时，每亩用 5% 乳油 130～200ml，兑水 40～50kg 进行茎叶喷雾处理。注意事项：精喹禾灵在阔叶作物的任何时期都可使用。对禾本科杂草，在任何生育期间都有防效。其他事项请参阅精喹禾灵使用说明书。

(三)追肥

2015年进行了追施化肥试验，具体如下。

采用2005年农业部下发的《测土配方施肥技术规范(试行)》推荐的"3414"不完全正交设计的氮、磷、钾3因子施肥试验方案，即设氮、磷、钾3个因素，每个因素4个施肥水平，0水平指不施肥，1水平指试验较佳施肥量×0.5，2水平指试验较佳施肥量(N 105kg/hm^2，P 100kg/hm^2，K 200kg/hm^2)，3水平指试验较佳施肥量×1.5，共14个处理的肥料试验设计方案，试验设3次重复，栽种株行距为35cm×65cm，每个处理小区面积为10m×3.9m=39m^2，不施有机肥。

主要观察记录乌腺金丝桃的长势，7d观测一次，记录其株高、茎粗、分枝、收获物鲜重和干重等情况。

对试验进行田间观察及产量数据综合分析，我们认为编号为5的组合即每公顷326kg尿素(含N 46%)、312kg过磷酸钙(含P$_2$O$_5$ 12%)、400kg氯化钾(含K$_2$O 60%)效果最佳，植株基本不倒伏、生物产量高。

施肥时期是植株高度为12~18cm时，在吉林常规是5月20日左右。施肥方法是，在垄旁距离乌腺金丝桃植株15cm左右处用人工的方法开一个深度大约15cm的施肥沟，将按上述比例混拌均匀的肥料均匀施到沟内，施肥时需要特别注意的是，由于以上3种肥料的颗粒粒度和相对密度各不相同，稍不留意就会导致由于相对密度不同而施肥不均，所以大面积施肥时一定要随时进行混拌，确保全田均匀一致。施肥后要及时使用农具把施肥沟回土填平。这个过程还能起到松土和除草的作用。

(四)防治病虫害

1. 虫害

在人工栽培的7年间，迄今为止还没有发生对乌腺金丝桃造成毁灭或比较严重危害的害虫，生产中对害虫的观察处于科研阶段，没有将对害虫的防治列入田间管理的日程中。在同一个地方种植乌腺金丝桃的时间短、面积小，随着种植时间的增加、种植面积的加大，必然会有对乌腺金丝桃造成危害的各种害虫的发生，有待于我们进一步研究和发现。

2. 病害

从开始人工栽培乌腺金丝桃就发现有病害的发生，笼统称为根腐病，表现症状为在靠近地表处的根部萌发出新芽，一部分成活，一部分死亡，死亡的往往在靠近地表的根部有灰色霉状物，我们采取了两种方法进行防治。

1)多菌灵防治

多菌灵是一种广谱性农药杀菌剂，对多种作物由真菌(如半知菌、多子囊菌)

引起的病害有防治效果，可用于叶面喷雾、种子处理和土壤处理等。每次每公顷用25%多菌灵可湿性粉剂商品量3000g、40%多菌灵可湿性粉剂商品量1875g、50%多菌灵可湿性粉剂1500g，或80%多菌灵可湿性粉剂商品量937.5g（有效成分750g），也可以用40%多菌灵悬浮剂商品量937.5g（有效成分375g），加水750L，搅拌均匀定向根部喷雾，类似于灌根。施药时期一定要掌握在新生芽刚刚出土的时候。

2）枯草芽孢杆菌防治

枯草芽孢杆菌为生物制剂，菌种从土壤或植物茎上分离得到，为芽孢杆菌属，具有激活作物生长、抑制有害菌生长的作用，其抑菌范围很广，包括根部病害、枝干病害、叶部和花部病害、收获后果品病害。使用有效成分含量为1%香菇多糖的可湿性粉剂，每亩制剂用药量为100～125g，每亩兑水50kg，在新生芽刚刚出土的时候定向根部喷雾。使用枯草芽孢杆菌要注意勿在强阳光下喷雾，晴天傍晚或阴天全天用药效果最佳，大风天或预计1h内有雨的情况下不能施药。

其他病害防治参照第六章。

(五) 松土、中耕

一部分禾本科杂草在3～5叶时使用化学除草剂可基本被杀死，双子叶杂草以及部分其他禾本科杂草需要人工锄草，结合人工锄草，适当松土，在消灭杂草的同时也能起到疏松土壤、增加通气、提高地温、增加土壤墒情的作用，这就是老百姓讲的"锄下有火也有水"的道理所在。每锄地1～2次就用犁中耕一次，农民讲"三铲不如一趟"，说明中耕对消灭杂草、增加深层根系通气性有重要作用。

乌腺金丝桃田间中耕、松土1

乌腺金丝桃田间中耕、松土 2

乌腺金丝桃田间中耕、松土 3

(六)搭架防倒伏

现阶段植株生长后期倒伏是困扰大面积生产的一个亟待解决的问题。当年栽植的小苗基本没有倒伏现象的发生,第二年开始,8月初,随着生长量的加大,植株根部很难承载上部茎、叶、花、果生长量增加所带来的负荷,空气湿度大,早晨叶面有露珠更加大了负荷,尤其下雨后刮风,植株明显出现了头重脚轻的现象,直接造成大面积倒伏。解决的办法应该从以下三方面入手。①早封垄、高上土。仔细观察倒伏的原因,乌腺金丝桃是须根系,几乎没有主根,第二年所有植株的茎秆都是从若干个须根上发育不定芽而成的，须根细、弱、小，从它的某一点发育成不定芽，不定芽的发生点距离地表近，不壮实、不牢固，自然就承载不了太大的负荷。人工栽培不同于野生自然条件，无论光照、水分、养分都远远优于自然条件，植株可以相对自由放量生长，生长量超过承载量，所以造成倒伏。我们发现这期间植株茎秆的承载力远远超过不定芽的发生点的承载力，如果中耕时早封垄、上高土，把不定芽的发生点埋在地下10cm左右，就可以转移承载受力点到茎秆上，茎秆相对于根粗壮，具有弹性，这就极大地降低了倒伏植株的比例，使得植株可以开花、结果、自然成熟，提高了产量和成分含量。②搭架。在垄上距植株两侧15～20cm的距离，每隔1.5～1.7m钉一个高度为60cm（露出地面高度）的木桩，然后在距离地面50～55cm处横向绑好相应长度的竹竿，这样株与株之间相互依附，行间由竹竿承载了导致根部倒伏的力量，就解决了倒伏的问题。③选育抗倒伏品种。从长远的角度考虑，彻底解决倒伏的问题还要从培育抗倒伏品种入手，选育抗病、抗倒、根系深、茎秆粗壮、有效成分含量高的品种。

对结果的乌腺金丝桃植株搭架保护，防止倒伏

第四节　组织培养技术

一、药用植物组织培养技术

（一）药用植物组织培养技术特点

1. 可以人为地选择和控制

药用植物组织培养能够完全在人工条件下进行，有助于通过培养条件的改变和选择培养优良体系，排除病虫害与农药残留的困扰，且能够严格控制药材的质

量,便于进行大规模工业化生产。例如,铁皮石斛(*Dendrobium candidum* Wall. ex Lindl.)是国家重点保护的药材品种,国内许多科研人员都进行了铁皮石斛无性快速繁殖技术的研究(刘端驹等,1988;温明霞等,2007;高剑平等,2010;章晓玲等,2013)。某药业公司进行了大规模组培育苗,年生产铁皮石斛组培苗400万瓶,栽培167hm^2,且有效成分含量与野生无异,有些甚至超过野生品种,有效缓解了铁皮石斛的临床需求。

2. 繁殖效率高,生长周期短,节省人力和物力

可以在人为提供的一定温度、光照、湿度、营养激素等条件下进行药用植物组织细胞科学培养生产。根据需要,对不同药用植物外植体建立不同的培养条件,外植体可按几何级数大量繁殖生长,从而可提供大量的优质无病毒种苗和高产细胞株,这些种苗和细胞株个体差异小,生产周期短。组织培养所需设备简单,节省人力和物力,有利于自动化、规模化生产,提高了生产效率。

3. 有利于获得高浓度的次生代谢产物

20世纪70年代以来,通过长期的研究,建立了能生产次生代谢产物的特化细胞,通过优化培养液、培养条件和选择优良细胞系的方法,可得到含量高于整株植物栽培的次生代谢产物。研究资料显示,有40余种化合物在培养的组织细胞中含量高于完整植物水平。例如,培养的人参细胞中人参皂苷的含量是天然植物的5.7倍;雷公藤培养细胞中雷公藤内酯的含量是原植物含量的49倍。

(二)药用植物组织培养技术的应用

1. 药用植物的大规模快速无性繁殖

通过植物组织培养的手段可以保存和增殖濒危珍稀的传统药用植物,大量栽培高品质的"道地药材",解决种子过小萌发率低、种苗不易成活、病虫害污染等药材品种生产中的问题。目前组织细胞培养在选材消毒、接种培养、诱导筛选、继代保存、分离鉴定等方面建立了一整套完整的技术方法,运用组织培养的方法可大大提高繁殖效率。植物一小部分可培养出数十万株植物,试管育苗工厂已成为一种新兴产业,如中国药科大学的人参组织细胞培养;上海中医药大学的黄芪毛状根(郑志仁等,1997)和华理工大学的红豆杉的大规模培养(梅兴国等,1997);铁皮石斛试管育苗繁殖(温明霞等,2007;高剑平等,2010;章晓玲等,2013)和芦荟组织培养快速育苗(纪萍等,2002;郑加琴和宋学初,2002)等。目前组织培养快繁技术已经在许多药用植物上获得成功,如西洋参、人参、三七、铁皮石斛、贯叶金丝桃、丹参、白芨、白首乌、半夏、灯盏花、东北红豆杉、宁夏枸杞、黄芩、丽江山慈姑、乌头等(黄璐琳等,2006;张智慧等,2006)。

2. 药用植物种质资源保存

随着市场需求的增长,药用植物的过度挖掘,以及环境污染,许多野生药用

植物面临灭绝，种质资源的保存显得尤为重要。利用组织培养结合低温、超低温冷冻储藏可在较小空间里有效保存大量种质资源，而且能很快恢复繁殖，植株可免遭病虫危害，有利于种质交换和转移，特别是对于珍稀濒危药用植物的保护和利用具有重要的应用价值和意义，是一条十分有效的保存途径。郑光植等(1983)对三分三愈伤组织及其悬浮培养细胞冰冻储藏后发现，其细胞形态和生长潜力没有改变，保存了生物合成山莨菪碱和东莨菪碱的能力，冰冻储藏后细胞的存活率在90%以上。苏新和方坚(1990)对浙贝母愈伤组织的超低温保存进行了研究，发现培养30~35d的浙贝母愈伤组织只适于低温保存，较好的冰冻保存试剂是10% DMSO+5%甘油，较佳的冰冻程序是以1~5℃/min的降温速度，从0℃降至-18℃，保留1h，再降至-40℃，停留2h，然后投入液氮中储存。解冻时以40℃水浴迅速化冻效果较好，解冻后的愈伤组织能成功增殖及再生植株。

3. 通过组织培养生产次生代谢产物

大部分传统药材的有效成分是次生代谢产物，采用大规模细胞培养是解决濒危药用植物及药效成分低的药用植物满足用药需求的重要途径。20世纪60年代，Kual首先报道了利用三角叶薯蓣的悬浮培养物生产甾体激素及避孕药合成前体——薯蓣皂苷元，其产量可达干重的1.5%以上。70年代人参培养物中人参皂苷药理活性的验证，为人参皂苷生产提供了新的快速途径，通过培养设备的优化改造，人参连续细胞培养已成为日本人参皂苷工业化生产方式之一(Chen et al., 2004)。培养的人参细胞中人参皂苷的含量是天然植物的5.7倍。随后从长春花愈伤组织中分离出了抗肿瘤成分长春新碱；毛地黄愈伤组织可产生15种强心苷；决明愈伤组织中大黄素、大黄酸、大黄酚等蒽醌类化合物产量比整个植株高出10倍以上；紫草愈伤组织中有效成分萘醌色素含量比野生株提高了8倍；而Tamaki从欧亚甘草悬浮培养中合成了占干重3%~4%的甘草甜素(杨静，2008)。孙瑞强等(2004)利用FTIR和HPLC法对栽培藏红花和组培藏红花的药用成分进行了比较，研究表明，组培藏红花的代谢产物种类较少，主要成分种类与栽培的相同，但是具有抗癌活性的藏红花素A(crocin A)的量高于栽培藏红花2~3倍。谢德玉等(1995)通过愈伤组织培养获得的青蒿植株青蒿素可达到0.92%(干重)，较栽培植株(0.52%)高。赵沛基等(2003)研究青阳参嫩枝和芽诱导的愈伤组织表明，在33d时次生代谢产物的量最高，并从中分离到7种化合物，首次报道从植物愈伤组织中分离到多羟基十八碳烯酸。赵琳等(2004)研究了肉苁蓉药材与盐生肉苁蓉培养细胞的苯乙醇苷类成分差异，结果表明，盐生肉苁蓉培养细胞中所含成分种类较多，且大部分含量较高，其中洋丁香酚苷(类叶升麻苷)和松果菊苷的含量明显高于肉苁蓉药材。

近年随着悬浮培养技术与设备的研究进展，又陆续开展了黄连细胞悬浮培养生产黄连素、银杏叶细胞悬浮培养生产银杏内酯、高山红景天细胞培养生产红景天苷、东北红豆杉愈伤组织培养生产紫杉醇等研究(杨静，2008)，使得人参皂苷、黄连素等药物生产逐步产业化。胡之璧等(1999)在固体和液体培养方式对三尖杉细胞生长及有效成分对比研究中发现，液体悬浮培养比固体培养细胞生长速度增加了3倍，总生物碱量增加近一倍，而其中具有生物活性的三尖杉酯碱增加了54倍。

20 世纪 80 年代在植物培养领域发展了以发根农杆菌含 Ri 质粒 T-DNA 片段整合到植物细胞 DNA 上，诱导形成发状根，从而建立发状根培养系统的新技术，因发状根具有生长迅速、无需外源生长激素、次级代谢产物产量高、遗传特性稳定等优点，已成为近十年中最有前途的产业化培养系统。目前已在长春花、烟草、紫草、人参、丹参、黄芪、甘草、青蒿等 40 种药用植物中建立了发状根培养系统(王文兰等，2007)，使得由根部合成的代谢物均可由发状根生产。目前利用发状根生产的药物有：抗肿瘤药紫杉醇(红豆杉)、抗疟疾药青蒿素(黄花蒿)、黄芪多糖(黄芪)、蒽醌类(掌叶大黄)、穿心莲内酯(穿心莲)、甘草甜素(刺果甘草)、绞股蓝皂苷(绞股蓝)、天仙子胺(曼陀罗)、天花粉蛋白(天花粉)等，这一技术已经成为代谢物生产中有产业前景的途径。利用发根农杆菌转化短叶红豆杉愈伤组织诱生发状根生产紫杉醇，经酶联免疫检测，其紫杉醇含量高于组织和细胞培养，最高者可达 50 倍，成为紫杉醇的新药源(黄遵锡和慕跃林，1997)。

4. 药用植物育种

植物组织培养技术在药用植物育种上的主要方法是单倍体育种、多倍体育种、原生质体融合、胚乳培养、诱变育种及基因工程育种(张智慧等，2006)。例如，利用花药培养已经成功获得宁夏枸杞(曹有龙等，1999)、人参(杜令阁等，1983)、平贝母(杜令阁等，1986)等的单倍体再生植株。陈柏君等(2000)应用组织培养技术对黄芩进行同源四倍体诱导，先将诱导出的愈伤组织转到分化培养基上诱导芽，长出绿色芽点后，将带芽点的愈伤组织置于含有秋水仙碱的培养基上培养，或放入秋水仙碱水溶液中浸泡一定时间后再进行培养，均可诱发黄芩多倍体的产生，但后者效果较好，诱导率可达 400%。艾建国和高山林(2003)在 MS 培养基上添加秋水仙碱成功地诱导获得了丹参四倍体株系。目前我国已对桔梗(高山林和舒变，2002)、枸杞(秦金山等，1985)、白术(陈心旻等，2003)和黄花蒿(寻晓红等，2003)等药用植物进行了组织培养多倍体育种技术的研究。迄今已有近 100 种植物由原生质体培养形成完整植株，其中药用植物有石刁柏、石龙苗、南洋金花、颠茄等10 余种。目前已从原来不能杂交的植物烟草和龙葵、曼陀罗和颠茄、胡萝卜和明党参等获得种间杂种和种内杂种植株(高山林，2001)。胚乳培养主要是获得三倍体植株，往往表现出无籽，这对某些药用植物是十分有益的性状，如山茱萸、枸杞等。胚乳培养已在枸杞(王莉等，1984)、杜仲(朱登云等，1997)上获得成功。诱变育种在高产细胞株系的筛选中发挥重要作用，已在少数药用植物中有报道，用 ^{60}Co γ 射线照射诱变获得了三分三的愈伤组织变异体，其生长速率比亲本高 3 倍，东莨菪碱含量高 30%(郑光植等，1983)。

二、金丝桃属植物组织培养研究现状

目前，国内外对金丝桃属植物的研究主要有 4 个方面：①金丝桃属植物天然药用成分的鉴定，提取分离工艺研究及含量测定（贺建国等，2002；胡君萍，2003；董建勇和贾忠建，2005；王晓菊和张立伟，2005；郑炜等，2010；张克勤等，2011；张喜，2011；李晓坤等，2012）；②金丝桃属植物天然药用成分的药理作用（李冀等，2012a，2012b；尹兴斌等，2013；Olivo et al.，2012；Barathan et al.，2013；Qian et al.，2012）；③金丝桃属植物组织培养和遗传转化研究（丁如贤等，2000；宋馨等，2006；任华等，2007；王海菲，2011；Cardoso and Oliveira，1996；Pretto and Santarem，2000）；④金丝桃素合成代谢途径关键酶基因的研究（王力，2005；Bais et al.，2003）。近年来，随着人们对金丝桃属植物天然药用成分的需求不断增加，国内外有关金丝桃属植物细胞培养生产目的次生代谢产物的研究也逐渐增多。利用植物组织培养技术工业化生产具有重要经济价值的植物次生代谢产物，可为中药的可持续发展提供一条新的途径。为了提高金丝桃属植物细胞培养中目标产物的产率和生产稳定性，筛选高表达细胞株、优化细胞培养条件和培养物中功能性物质的提取工艺是关键因素，也是研究的重点。

（一）金丝桃属植物细胞培养条件的研究

影响植物细胞培养的因素主要包括外植体、培养基组成、添加物及培养条件等，它们能在很大程度上促进细胞的生长及次生代谢产物的合成。

1. 外植体

在组织培养时，一般选取容易培养的材料作外植体（李浚明，2002）。在已报道的金丝桃属组织培养研究中，常用的外植体有腋芽、茎尖、带芽茎段、叶片等。外植体的选择首先取决于培养目的。当培养目的是获得单倍体或纯合二倍体植株时，可选用花药、花粉或者子房等为外植体；如果培养目的是快速繁殖，则常用腋芽和带芽茎段作为外植体。外植体所处发育阶段对于芽诱导及增殖效果有很大影响。Murch 等（2000）对贯叶金丝桃'Anthos'用下胚轴作外植体诱导了芽的再生。陈全战和宋东杰（2003）分别以甘肃天水贯叶金丝桃的幼根、幼茎、幼叶为外植体进行了贯叶金丝桃的快繁研究，研究发现，幼根、幼茎、幼叶均可诱导愈伤组织的形成,但对幼茎愈伤组织的诱导较容易而幼叶则较难。Franklin 和 Dias（2006）利用贯叶金丝桃不同基因型'Helos'、'Topas'、'Elixir'和'Numi'的幼根进行愈伤组织诱导。各外植体的增殖速率由高到低分别为幼茎、幼根、幼叶。刘燕等（2011）对贵州金丝桃组培快速繁育技术研究发现，茎段为最适合的外植体；任华（2007）在对川滇金丝桃组织培养及植株再生研究时，采用当年生茎段、叶片及花蕾作为外植体，结果发现增殖率最高的为茎段，最易诱导愈伤组织的外植体为花蕾。王璟（2014）以贯叶金丝桃茎段、叶片、花瓣、花萼为外植体进行愈伤组织诱导，外植体来源对愈伤组织诱导影响很大。以茎为外植体时愈伤组织诱导率最高，达到97%，且出愈时间仅需10d。而以叶片为外植体时诱导率仅有70%，培养第20天才开始形成愈伤组织。本实验中花瓣未能成功诱导出愈伤组织。此外，外植体的选择还与其再生能力有关。有研究表明，在贯叶金丝桃离体培养及植株再生中发现茎段作为外植体比叶片诱导效果更好（张东，2005）。

2. 基础培养基

基础培养基的种类、碳源及氮源的组成及比例、盐浓度对金丝桃属植物组织培养的各个阶段的影响各不相同，对离体条件下培养物的生长状态及功能性活性物质的影响明显。

Cardoso 和 Oliveira（1996）初步探索了巴西金丝桃（*Hypericum brasiliense*）的细胞悬浮培养，确定其最佳愈伤组织诱导培养基为含有2,4-D（1.0～2.0mg/L）的MS或B5培养基，MS和B5培养基的诱导效果相同，并在此基础上对其进行悬浮培养，以期诱导产生次生代谢产物。

许明淑等（2003）探讨了几种理化因子对贯叶金丝桃愈伤组织中金丝桃素含量的影响，结果表明，当硝态氮和铵态氮的比例为3∶1时，贯叶金丝桃悬浮培养的细胞生长量提高至1.6倍，金丝桃素的合成量也略有提高。于晓坤等（2013）对贯叶金丝桃不定根进行培养时，不定根中金丝桃素的含量和生产量随着铵态氮和硝态氮配比的增大呈现先升高后降低的趋势。当铵态氮/硝态氮为30/30时，不定根中金丝桃素的含量和生产量均达到最大值，分别为0.98mg/g和12.41mg/L，显著高于其他处理。因此，30/30的铵态氮/硝态氮最有利于不定根中金丝桃素的积累。徐茂军等（2005）以硝普钠（sodium nitroprusside，SNP）为一氧化氮（NO）的供体，在研究外源NO对金丝桃悬浮细胞生长及金丝桃素生物合成的影响时发现，低浓度SNP有利于悬浮细胞生长，高浓度SNP可促进金丝桃素的合成，由此推测，NO可能通过触发金丝桃悬浮细胞的防卫反应，激活了细胞中金丝桃素的生物合成途径。

吕秀立（2011）采用冬绿金丝桃带腋芽的茎段作为外植体进行离体培养，增殖阶段分别采用MS、1/2MS、1/5MS为基础培养基，结果发现，MS培养基上的外植体均生长不良，外植体发红萎蔫，培养30d后逐渐衰弱，直至死亡；在1/2MS培养基处理中，冬绿金丝桃组培苗叶片绿色，生长良好，增殖迅速；而1/5MS培养基的几种处理中，组培苗生长黄弱纤细，由此可见，大量元素的过量或降低会影响组培苗的生长状态。

王亦菲等（2007）在贯叶金丝桃的离体培养中，基本培养基采用2/3MS培养基。周尧等（2012）对贯叶金丝桃的组培快繁技术进行研究，在繁殖阶段采用的培养基为MS培养基，而生根阶段则采用了1/2MS培养基。于晓坤等（2013）对贯叶金丝桃进行生根培养时，MS培养基浓度处理分别设置为1/4MS、1/2MS、3/4MS、MS、3/2MS和2MS。结果表明，当选用3/4MS培养基时，组培苗的根最长，达到3.5cm，显著好于其他处理，另外，此培养基中组培苗长势也较好，金丝桃素的含量和生产量分别为 0.98mg/g 和 12.41mg/L；而在 2MS 培养基中金丝桃素的生产量最大，为 15.70mg/L。

谷贵章和殷晓敏（2006）在对金丝桃（*Hypericum chinense* L.）细胞进行悬浮培养时发现，3%蔗糖浓度条件下，细胞干重及黄酮类物质产量最高。张楠等（2007）研究发现，元宝草（*Hypericum sampsonii* Hance）在整个细胞悬浮培养过程中，蔗糖的利用率和细胞的生长与金丝桃素（hypericin）类物质代谢有着密切关系。张娜等（2005）研究了不同蔗糖浓度对贯叶金丝桃愈伤组织生长和金丝桃素含量的影响，结果表明，提高蔗糖浓度可以促进愈伤组织生长，合成金丝桃素的最佳蔗糖浓度为 3%。于晓坤等（2013）以贯叶金丝桃种子为材料，对贯叶金丝桃组培苗进行生根培养，筛选和优化生根培养基，进一步在生物反应器内诱导培养不定根，研究结果表明，贯叶金丝桃在含 3%蔗糖的 3/4MS 培养基上的生根效果最佳，而 4%的蔗糖有利于金丝桃素的积累。王璟（2014）对贯叶金丝桃悬浮细胞培养生产黄酮类物质的研究发现，最适的蔗糖浓度为 2.5%。

3. 植物激素

为促进离体植物组织和器官的生长，需要在基本培养基中加入不同种类、不同浓度组合的生长调节物质，如生长素、细胞分裂素等。金丝桃属植物组织培养中常用的生长素有 2,4-D、萘乙酸（NAA）、吲哚乙酸（IAA）、吲哚丁酸（IBA）等；常用的细胞分裂素有 6-苄氨基腺嘌呤（6-BA）、激动素（KT）、玉米素（ZT）、*N*-苯基-*N'*-1,2,3-噻二唑-5-脲（TDZ）等。其中，6-BA、2,4-D 多用于丛生芽或愈伤组织的增殖过程；NAA、IAA、IBA 多用于生根培养。

金丝桃属植物愈伤组织诱导中，关键是选择好激素的种类和浓度配比。已经报道的文献资料中，最常用植物激素为 2,4-D 和 6-BA。例如，Cardoso 和 Oliveira（1996）对巴西金丝桃的组织培养研究发现，最适合愈伤组织诱导的培养基为 MS+2,4-D（1.0～2.0mg/L）；丁如贤等（2000）对贯叶金丝桃的组培快繁研究发现，含有 2,4-D 的 MS 培养基有利于愈伤组织的诱导；Pretto 和 Santarem（2000）以叶片为外植体进行愈伤组织的诱导，2,4-D 和 6-BA 配合使用时愈伤组织的诱导率最高；宋馨等（2006）以贯叶金丝桃为材料探讨体外培养的植物细胞分化过程与次生代谢产物累积之间的关系，研究结果表明，MS+2,4-D（1.0mg/L）+6-BA（0.2mg/L）可诱导产生愈伤组织；任华等（2007）进行川滇金丝桃组织培养，以叶片、幼嫩的花蕾为外植体进行愈伤组织的诱导，培养基为 MS+2,4-D 1.0mg/L+NAA 0.1mg/L+TDZ0.03mg/L。王海菲（2011）对艳果金丝桃叶片愈伤组织诱导的研究表明，2,4-D 和 NAA 对愈伤组织的诱导作用较显著，2,4-D 0.5~1.0mg/L 愈伤组织诱导率达到 100.0%，NAA 0.9mg/L 时愈伤组织诱导率达到 96.7%。

Charchoglyan 等（2007）研究表明，在贯叶金丝桃愈伤组织诱导丛生芽的复合培养基中，BA 和 NAA 的浓度正向调节体外培养的贯叶金丝桃组织中次生代谢产物的产量；增加 BA 的浓度会增加贯叶金丝桃素含量，增加 NAA 的浓度会增加开环贯叶金丝桃素含量。Shilpashree 和 Ravishankar(2009)在进行 *Hypericum mysorense* 的无性繁殖研究中发现，植物激素(BA 和 IAA)不仅促进了植物的再生，还增加了黄酮类物质的积累量。经 HPLC 分析鉴定，Franklin 等(2009)研究的贯叶金丝桃的细胞悬浮培养物中总咕吨酮物质含量比原植株增加了 12 倍。Çirak-Cüneyt 等(2007)研究发现，同时添加 BA 和 2,4-D 的 MS 复合培养基能直接增加 *Hypericum bupleuroidesgris* 组织培养中诱导的不定芽数。

目前，国内外金丝桃属植物组织培养的主要情况见表 5-4-1。

表 5-4-1 国内外金丝桃属植物组织培养研究现状一览表(激素浓度单位：mg/L)

植物名称	外植体类型	愈伤组织诱导	腋芽诱导	分化培养	生根培养	文献出处
多蕊金丝桃 (*H. hookerianum*)	茎段		MS+NAA 0.5+BA 1.0～4.0	MS+NAA 0.5+BA 1.0	1/2MS+IBA 2.0+BA 0.5+KT 6.0+0.2%AC(活性炭)	邢震和郑维列, 2000
贯叶金丝桃 (*H. perforatum*)	叶片	MS+2,4-D 1.0+BA1.0		MS+BA 1.0+KT 1.2	1/2MS	Pretto and Santarem, 2000
贯叶金丝桃 (*H. perforatum*)	无菌萌发种子苗	MS+2,4-D 0.5+6-BA 1.0+CH500		MS+NAA 1.0+6-BA 0.5	MS+NAA 2.0+6-BA 0.5	丁如贤等, 2000
贯叶金丝桃 (*H. perforatum*)	茎段	MS+2,4-D 4.0+6-BA 0.2				许明淑等, 2001
元宝草 (*H. sampsonii*)	茎段和叶片	MS+2,4-D 2.0+BA 0.2	MS+6-BA 0.5+NAA 1.0	MS+6-BA 2.0	MS	曾虹燕和周朴华, 2002
西南金丝桃 (*H. henryi*)	茎段		MS+6-BA 1.0	MS+6-BA 1.0+KT1.0	1/2 MS	关文灵, 2003
金丝梅 (*H. patulum*)	带茎节的茎段		MS+6-BA 3.0+NAA 0.4+LH 500	MS+6-BA 1.0+IBA 0.1+GA 30.3	1/2 MS+IBA 0.2	雷颖和焦兴礼, 2004
贯叶金丝桃 (*H. perforatum*)	叶片	MS+6-BA 0.5+2,4-D 2.0	MS+6-BA 0.5		1/2 MS+IBA 1.0+NAA 0.5	张东, 2005
川滇金丝桃 (*H. forrestii*)	茎段、叶片和花蕾	MS+2,4-D 1.0+NAA 0.1+TDZ 0.03		MS+6-BA 2.0+NAA 0.1	1/2 MS+IBA 1.0+NAA 0.5	任华, 2007
三腺金丝桃 (*H. triquetrifolium*)	无菌萌发种子				MS+6-BA 2.0	Karakas et al., 2008
H. rumeliacum	叶片、带节茎段和根				MS+6-BA 0.2	Danova et al., 2010
贵州金丝桃 (*H. kouytcheouense*)	茎段		1/4MS+TDZ 0.5+NAA 0.01	1/4MS+ZT 1.5+NAA 1.0	1/4MS+ZT 0.1+NAA 1.0	刘燕等, 2011
艳果金丝桃 (*H.androsaemum*)	叶片	MS+2,4-D 0.5+KT 0.5		MS+TDZ 0.1+AgNO$_3$ 1.0		王海菲, 2011
贯叶金丝桃 (*H. perforatum*)		MS+2,4-D 1.0+6-BA 0.2				王璟, 2014

4. 添加物

在细胞悬浮培养体系中添加诱导子，如真菌、茉莉酸甲酯(methyl Jasmonate，MeJA)或重金属等会大大增加次生代谢产物的产量。添加诱导子的研究越来越引起人们的重视，它可以通过改变次生代谢途径中催化酶的酶活力或活化次生代谢途径中的特定酶基因，诱导新酶的形成，改变次生代谢途径通量和反应速率，从而提高次生代谢产物的产量，为植物次生代谢调控提供了新的手段(仇燕等，2003)。例如，贯叶金丝桃愈伤组织培养时，加入 0.1~0.2mol/L 的甘露醇，金丝桃素的合成量有很大的提高，加入交联聚乙烯吡咯烷酮(PPVP)和聚乙烯吡咯烷酮(PVP)等防褐化的物质能促进贯叶金丝桃细胞的生长(许明淑等，2003)。贯叶金丝桃悬浮细胞培养中，Bais 等(2002)发现添加 250μmol/L 的茉莉酸甲酯能使贯叶金丝桃悬浮细胞中金丝桃素产量增加两倍。王保军等(2008)在培养基中添加 100μmol/L MeJA 后，细胞生物量的增加量和贯叶金丝桃素(HF)的产量分别是未经 MeJA 处理的 1.3 倍和 1.73 倍；培养 3d 时，培养基中添加 100μmol/L MeJA 能提高 HF 的产量，是未经 MeJA 处理的 2.4 倍。王璟(2014)为提高黄酮产量，采用前体和诱导子 MeJA、水杨酸(SA)、偏钒酸铵(NH_4VO_3)、硫酸镍($NiSO_4$)添加的方式考察了其对贯叶金丝桃悬浮细胞生长和金丝桃苷、槲皮素等黄酮合成的影响。结果表明，添加前体 L-苯丙氨酸能促进黄酮类物质的生物合成，与对照组相比，添加不同浓度的 L-苯丙氨酸后细胞中的黄酮含量均有提高。当添加浓度为 50mg/L 时，细胞生物量和细胞中黄酮含量均明显增加，培养结束时总黄酮产量达到最高[(161.26±28.47)mg/L]。在诱导子筛选中，发现 MeJA 和 SA 这两种诱导子对贯叶金丝桃细胞总黄酮含量有显著的促进作用。其最佳诱导条件为培养 15d 时添加 100μmol/L 的 MeJA，培养结束时，细胞干重达(5.62±0.45)g/L DW，总黄酮产量为(280.40±38.99)mg/L，为对照组的 2.7 倍。刘晓娜等(2007)在贯叶金丝桃和元宝草组织培养及活性成分代谢调控的研究中发现，SZG 系列中的化合物能提高总黄酮含量，其中 SZG-7 和 SZG-II 诱导下的植物总黄酮含量最高，约为 45mg/g DW。姜波等(2010)研究矮壮素对贯叶金丝桃生长和金丝桃素含量的影响发现，尽管矮壮素对贯叶金丝桃生长发育具有抑制效应，但是其对金丝桃素含量有较为明显的促进作用。任华(2007)在对川滇金丝桃茎段进行组织培养及植株再生研究时发现，胡萝卜汁、番茄汁、苹果汁、香蕉汁均不能提高川滇金丝桃的增殖能力，但是加入每种单一天然添加物可以使增殖的芽苗生长更加健壮。

5. 培养条件

光照、温度、培养基、pH 等对植株组织培养的效果有重要影响。在已报道的金丝桃属组织培养中，培养条件大部分为：温度 24~26℃，光照时间 12h/d，光强 1500~2500lx，培养基 pH 为 5.8~6.0。汤行春和刘幼琪(2000)对连翘愈伤组织的诱导条件进行了较系统的研究。研究表明，光照培养条件下愈伤组织的诱导率为 100%，明显好于暗培养的 92.9%。

(二)金丝桃属植物细胞培养生产次生代谢产物

金丝桃属植物次生代谢产物有苯并二蒽酮类、间苯三酚类、黄酮类、苯丙酸(酚酸)及香豆素类化合物和挥发油等成分,具有抗抑郁、抗肿瘤、抗病毒、镇痛、抗菌、消炎等作用(殷志琦等,2004)。

1. 苯并二蒽酮类

苯并二蒽酮类物质主要包括金丝桃素(hypericin)、伪金丝桃素(pseudohypericin)、原金丝桃素(protohypericin)、环伪金丝桃素(cyclopseudohypericin)等,其中金丝桃素是抗抑郁作用的主要活性成分(徐皓,2007),因此提高细胞培养物中金丝桃素的产量日渐成为当前研究的热点。研究最多的是贯叶金丝桃的细胞悬浮培养,并且生产的金丝桃素已经市场化。Kartnig 等(1996)在来源于 18 个产地的 *Hypericum perforatum*、6 个产地的 *Hypericum maculatum*,还有 *Hypericum tomentosum*、*Hypericum bithynicum*、*Hypericum glandulosum* 和 *Hypericum balearicum* 的细胞培养物种中分离出了金丝桃素和伪金丝桃素成分,对其的研究表明,各物种间含量差别很大;通常伪金丝桃素的含量明显高于金丝桃素。宋馨等(2007)在贯叶金丝桃细胞悬浮培养和愈伤组织中分离出金丝桃素药用成分。张楠等(2007)在元宝草悬浮细胞培养中分离出金丝桃素类物质:金丝桃素和伪金丝桃素。

2. 间苯三酚类

间苯三酚类物质主要包括贯叶金丝桃素(hyperforin)、伪贯叶金丝桃素(pseudohyperforin)等。Charchoglyan 等(2007)在贯叶金丝桃茎离体培养物中,鉴定出贯叶金丝桃素(hyperforin)和开环贯叶金丝桃素(secohyperforin),植物激素 BA 和 NAA 对贯叶金丝桃素和开环贯叶金丝桃素的积累作用显著。Gaid 等(2016)利用生长素诱导建立贯叶金丝桃的根离体培养体系,在培养 6 周后检测到 50mg/L 的贯叶金丝桃素;在根离体培养物中同时检测到开环贯叶金丝桃素和蛇麻酮(lupulone),但有趣的是,在整株植物中未能检测到开环贯叶金丝桃素和蛇麻酮,相反在叶金丝桃的根离体培养物中几乎检测不到金丝桃素;研究同时发现,二环己基铵盐能促进开环贯叶金丝桃素和蛇麻酮的积累。

3. 黄酮类化合物

黄酮类化合物主要有呫吨酮(xanthone)、金丝桃苷(hyperin)、槲皮素(quercetin)、槲皮苷(quercitrin)和芦丁(rutin)等。槲皮素及其衍生物是植物界分布最广的一种黄酮类化合物,具有多种抗病毒活性(孙居锋和李洪娟,2009)。谷贵章和殷晓敏(2006)通过优化激素组成、激素浓度、pH、蔗糖浓度、培养温度、摇床转速、接种量等金丝桃(*Hypericum chinense* L.)细胞悬浮培养条件,提高了黄酮类化合物的产量并获得了稳定、可靠、可工业化生产黄酮类化合物的种细胞。金丝梅(*H. patulum*)细胞悬浮培养产生的愈伤组织中含有 3 种新的呫吨酮类物质:

paxanthone、toxyloxanthone 和 mangostin(Ishisuro et al.，1996；Ana et al.，2007)。Franklin 等(2009)研究贯叶金丝桃细胞悬浮培养时发现了 4 种新合成的咕吨酮类物质：1,3,6,7-四羟基-8-异戊二烯基咕吨酮(1,3,6,7-tetrahydroxy-8-prenylxanthone)、1,3,6,7-四羟基-2-异戊二烯基咕吨酮(1,3,6,7-tetrahydroxy-2-prenylxanthone)、1,3,7-三羧基-6-甲氧基-8-异戊二烯基咕吨酮(1,3,7-trihydroxy-6-methoxy-8-prenylxanthone)和 paxanthone。这 4 种咕吨酮既能作为抗氧化剂保护植物细胞免于氧化性损伤，又能作为植物抗毒素抑制病原菌生长。咕吨酮类物质具有抗结核、抗病毒、抗抑郁及强心等作用，是目前该领域研究的新热点。

此外，Bernardi 等(2007)在巴西特有种 *H. polyanthemum* Klotzsch ex Reichardt 的组织培养研究中分离到 3 种苯并吡喃(benzopyra)类物质：6-异丁酰基-5,7-二甲氧基-2,2′-二甲基-苯并吡喃(6-isobutyryl-5,7-dimethoxy-2,2′-dimethyl-benzopyran)(HP1)、7-羟基-6-异丁酰基-5-甲氧基-2,2′-二甲基-苯并吡喃(7-hydroxy-6-isobutyryl-5-methoxy-2,2′-dimethyl-benzopyran)(HP2)和 5-羟基-6-异丁酰基-7-甲氧基-2,2′-二甲基-苯并吡喃(5-hydroxy-6-isobutyryl-7-methoxy-2,2′-dimethyl-benzopyran)(HP3)，以组培苗叶片中 HP1 含量最高，而 HP3 只存在于根中。苯并吡喃类物质在贯叶金丝桃中也曾被发现(Diasa et al.，1998)。Pinhatti 等(2010)在 *Hypericum ternum* 离体培养的组织中鉴定出多种酚类物质：金丝桃苷、绿原酸(chlorogenicacid)、槲皮素、番石榴苷(guaijaverin)、异槲皮苷(isoquer-citrin)和湿生金丝桃素 B(uliginosin B)。Daniela 等(2015)对几种金丝桃属植物的根培养物、发状根培养物及悬浮细胞培养物进行咕吨酮类化合物的鉴定并对白色念珠菌菌株 ATCC10231 的抗真菌活性进行测试。结果发现，在未转化的根培养物中，发现至少以下咕吨酮类化合物的一种：5-甲氧基-2-丙炔苯丙胺基-咕吨酮(5-methoxy-2-deprenylrheedia- xanthone)、1,3,6,7-四羟基-咕吨酮(1,3,6,7-tetrahydroxy- xanthone)、1,3,5,6-四羟基-咕吨酮(1,3,5,6-tetrahydroxy-xanthone)、paxanthone、kielcorin 和芒果苷(mangiferin)。在 *H. pulchrum* 和 *H. annulatum* 未转化的根培养物中，总咕吨酮类化合物的含量最高。在 *H. tetrapterum*(欧洲多年生植物金丝桃)发状根培养物中检测到 1,7-羟基-咕吨酮(1,7-dihydroxy-xanthone)，而在四翼金丝桃(*H. tomentosum*)发状根培养物中则检测到 toxyloxanthone B、1,3,6,7-tetrahydroxy- xanthone 和 1,3,5,6-tetrahydroxy-xanthone。在 *H. perforatum* 悬浮细胞培养物中检测到两种咕吨酮类化合物：cadensin G 和 paxanthone。

三、乌腺金丝桃组织培养技术

依托吉林省长白山动植物资源利用与保护吉林省高校重点实验室，以乌腺金丝桃为试材，进行愈伤组织的诱导与悬浮细胞体系的初步建立：考查消毒时间、外植体来源、光照及培养基对诱导形成愈伤组织的影响，以获得生长状态良好的愈伤组织、可用于继代培养及总黄酮和金丝桃素生产的愈伤组织。进一步建立稳定高效的乌腺金丝桃悬浮细胞培养体系,为利用植物组织培养法生产具有重要经济价值的天然植物次生代谢产物提供优质的生物材料,为筛选增殖快、药用有效成分含量高的细胞系奠定理论基础。

(一)乌腺金丝桃组织培养技术要点

1. 乌腺金丝桃愈伤组织的诱导

1)消毒时间对愈伤组织诱导的影响

外植体预处理:取乌腺金丝桃的嫩茎作为外植体,先用1%(V/V)洗洁精浸泡10min,然后用流水冲洗至少0.5h,最后用蒸馏水冲洗3次,晾干多余水分备用。

外植体消毒及接种:将预处理好的乌腺金丝桃放入无菌托盘中,转移至超净工作台,75%乙醇浸泡30～120s,然后用无菌水漂洗3次,每次1min。之后用6%次氯酸钠消毒1min、2min、4min、6min不等,其间轻柔搅动数次(表5-4-2)。将乌腺金丝桃转移到无菌水中浸泡洗涤3～5次。用无菌滤纸吸干外植体上多余水分,用解剖刀将材料切成小块,接种至诱导培养基(MS+2,4-D 2.0mg/L)上(曾虹燕和周朴华,2002),每瓶2～3块材料。每个处理至少30个重复。培养30d后统计污染率和愈伤组织诱导率。污染率(%)=(污染的外植体数/接种的外植体数)×100;诱导率(%)=(诱导出愈伤组织的外植体数/接种外植体数)×100。

表5-4-2　不同消毒时间对愈伤组织诱导的影响

处理时间		污染率/%	诱导率/%
75%乙醇/s	6%次氯酸钠/min		
30	1	23	84.6
60	2	9	87.1
90	4	0	91.3
120	6	0	75.4

75%乙醇消毒90s配合6%次氯酸钠消毒4min,培养30d内无污染状况,愈伤组织诱导率高达91.3%,初步确定为最适合乌腺金丝桃的消毒方案。而其他消毒方案中,消毒时间过短会导致污染率提高,消毒时间过长会导致愈伤组织诱导率的降低及褐化程度的提高。

2)不同外植体对愈伤组织诱导的影响

植株的不同外植体及不同培养条件所诱导得到的愈伤组织,其生长状态、增殖速度有很大差异,这些差异会导致其制备的悬浮细胞生长及次生代谢产物产量方面的差异(王璟,2014)。通过诱导不同外植体可获得优良的乌腺金丝桃愈伤组织。

分别将种植的乌腺金丝桃幼苗的茎切成0.5cm长的小段,叶片、花瓣、花萼切成0.5cm^{2}大小,按照上文的消毒方法处理后,接种至诱导培养基上,每瓶2～3块材料。每种外植体至少 30 个重复。培养条件为：(25±2)℃下光照培养，每天光照 12h，光照强度为 2000lx。观察愈伤组织生长状态，培养 30d 统计诱导率（表 5-4-3）。

表 5-4-3　不同外植体对愈伤组织诱导的影响

外植体类型	诱导率/%	愈伤组织生长状态
茎段	80.7	约 20d 时愈伤组织开始形成，颜色微红，质地致密，轻微褐变现象
叶片	92.6	15~20d 时愈伤组织开始形成，呈浅黄绿色，质地疏松，轻微褐变现象
花瓣	27.5	约 15d 时愈伤组织开始形成，呈黄绿色，质地较致密，无褐变现象

外植体来源对愈伤组织诱导影响很大（表 5-4-3），以叶片为外植体时愈伤组织诱导率最高，达到 92.6%，且愈伤组织的诱导时间需 15~20d。以茎段为外植体时诱导率仅有 80.7%，培养第 20 天才开始形成愈伤组织，且愈伤组织比较致密，不利于下一步的细胞悬浮培养。而以花瓣为外植体时，愈伤组织诱导率极低，仅为 27.5%。由叶片诱导形成的愈伤组织如图 5-4-1 所示。

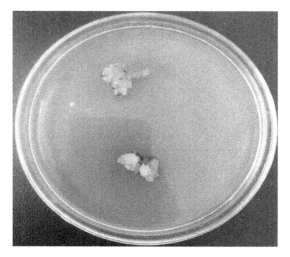

图 5-4-1　叶片诱导形成的愈伤组织

3）光照对愈伤组织诱导的影响

以乌腺金丝桃嫩叶为外植体，接种于诱导培养基中进行愈伤组织诱导。培养温度为 (25±2)℃，分别在光照环境（每天光照 12h，光照强度 2000lx）和黑暗条件下进行培养（王海菲，2011），培养 30d 统计诱导率（表 5-4-4）。

表 5-4-4　光照对愈伤组织诱导的影响

培养类型	诱导率/%	愈伤组织生长状态
光照培养	78.7	约 10d 时愈伤组织开始形成，颜色微红，质地较疏松
黑暗培养	90.6	约 15d 时愈伤组织开始形成，呈淡黄色，质地疏松

黑暗条件下，虽然外植体出愈时间较晚，但诱导率高达90.6%。光照条件下，虽然愈伤组织形成时间较早，但诱导率仅为78.7%。初步判断光照有利于乌腺金丝桃愈伤组织的诱导。与汤行春和刘幼琪(2000)对连翘愈伤组织的诱导条件研究结果恰恰相反。

4）激素对愈伤组织诱导的影响

(1)不同生长素种类及浓度的愈伤组织诱导：取幼嫩的叶片为外植体，接种到添加不同生长素种类及浓度的愈伤组织诱导培养基上(Pretto and Santarem，2000；许明淑等，2000；曾虹燕和周朴华，2002；任华，2007)，暗培养，30d后观察统计愈伤组织形成情况及生长状态(表5-4-5)。

表5-4-5　不同生长素种类及浓度对乌腺金丝桃愈伤组织诱导的影响

不同生长素	诱导率/%	愈伤组织生长状态
2,4-D 0.5mg/L	87.3	愈伤组织呈黄绿色，量较少，结构较松散
2,4-D 1.0mg/L	91.2	愈伤组织呈黄绿色，稍多，但有毛状根
2,4-D 2.0mg/L	96.4	愈伤组织仍为淡黄绿色，量较大，结构松散
NAA 0.3mg/L	77.4	愈伤组织呈黄绿色，底部有少量褐化，伴有毛状物
NAA 0.5mg/L	89.8	愈伤组织呈黄绿色，量稍多，伴有毛状物
NAA 1.0mg/L	93.5	愈伤组织最大，毛状物增多，褐化严重
IAA 0.3mg/L	0	无愈伤组织形成，切口处出现少量根
IAA 0.5mg/L	0	无愈伤组织形成，但生成根的量明显增多
IAA 1.0mg/L	0	无愈伤组织形成，切口处大量生根

在接种后15～20d，在含2,4-D和NAA的培养基中，叶片外植体自切口处开始膨大出现愈伤组织。30d时的数据统计结果见表5-4-5，在2,4-D和NAA作用下愈伤诱导率较高，随着2,4-D和NAA浓度的增加，愈伤组织的诱导率也随之提高，其中2,4-D浓度为2.0mg/L时，诱导率最高，高达96.4%，而且愈伤组织的质地较松散；而在IAA的作用下外植体基本没有愈伤组织形成，而形成较多的不定根。

(2)不同细胞分裂素种类及浓度的愈伤组织诱导：取幼嫩的叶片为外植体，接种到添加不同细胞分裂素种类及浓度的愈伤组织诱导培养基上，暗培养，30d后观察统计愈伤组织形成情况及生长状态。研究发现，在单独细胞分裂素作用下，各处理外植体并没有明显的变化，接种的叶片外植体在30d后，没有愈伤组织形成和分化现象，只是叶片在培养基上慢慢枯黄死亡。在6-BA和ZT的处理下，接种外植体没有愈伤组织的形成，只是切口处出现褐化。在KT处理下，叶片虽然没有出现愈伤组织，但是其叶片的切口处并没有出现褐化现象。因此，单独细胞分裂素不能启动乌腺金丝桃愈伤组织的发生，需配合生长素共同使用。

(3) 生长素与细胞分裂素结合的愈伤组织诱导：基于单独的生长素和细胞分裂素对乌腺金丝桃叶片愈伤组织诱导的影响，选择 2,4-D 和 6-BA 的激素组合，设置不同浓度处理，进行愈伤组织的诱导。每个处理至少重复 30 次。30d 后统计愈伤组织诱导率和生物量的积累，以筛选最适合乌腺金丝桃愈伤组织诱导的培养基配方。生长量的统计方法：将各个处理的愈伤组织放入 40℃的干燥箱中至完全干燥，此时称重并记录干重。干重即为生长量。

表 5-4-6 的统计结果表明，最适合乌腺金丝桃愈伤组织诱导的激素组合为 2,4-D 4.0mg/L+6-BA 0.2mg/L，愈伤组织的诱导率为 100%，而且愈伤组织的生物量积累最多。

表 5-4-6 不同激素浓度条件下乌腺金丝桃愈伤组织诱导结果

激素组合	诱导率/%	生物量/mg
2,4-D 1.0mg/L+6-BA 0.1mg/L	63.8	56.62
2,4-D 1.0mg/L+6-BA 0.2mg/L	68.7	60.39
2,4-D 1.0mg/L+6-BA 0.4mg/L	75.9	65.87
2,4-D 2.0mg/L+6-BA 0.1mg/L	87.9	75.32
2,4-D 2.0mg/L+6-BA 0.2mg/L	90.3	78.74
2,4-D 2.0mg/L+6-BA 0.4mg/L	92.4	84.85
2,4-D 4.0mg/L+6-BA 0.1mg/L	95.8	90.07
2,4-D 4.0mg/L+6-BA 0.2mg/L	100	108.31
2,4-D 4.0mg/L+6-BA 0.4mg/L	89.2	97.35
2,4-D 6.0mg/L+6-BA 0.1mg/L	76.4	91.20
2,4-D 6.0mg/L+6-BA 0.2mg/L	70.0	86.16
2,4-D 6.0mg/L+6-BA 0.4mg/L	55.8	65.00

2. 乌腺金丝桃悬浮细胞培养体系的建立

近年来，随着人们对金丝桃属植物天然药用成分的需求不断增加，国内外有关金丝桃属植物细胞培养生产目的次生代谢产物的研究也逐渐增多。利用植物细胞培养技术工业化生产具有重要经济价值的天然植物次生代谢产物为中药的可持续发展提供了一条新的途径。为了提高金丝桃属植物细胞悬浮培养中目标产物的产率和生产稳定性，筛选高表达细胞株、优化细胞培养条件和工艺是关键因素，也是研究的重点。吉林农业科技学院生物工程学院生物技术专业实验室在乌腺金丝桃固体培养诱导产生高品质的愈伤组织的基础上，通过细胞悬浮培养，对悬浮细胞生长和黄酮类次生代谢产物合成条件进行了优化，为采用植物生物反应器建立大规模乌腺金丝桃细胞培养体系，大量生产金丝桃素、金丝桃苷等黄酮类化合物，工业化生产天然黄酮类乌腺金丝桃次生代谢产物提供了理论依据。

乌腺金丝桃悬浮细胞培养的基本操作程序：取 20d 左右愈伤组织以 1%(m/V)，

即 0.5g/50ml 的接种量投入液体继代培养基中,混匀分散后,按 250ml 三角瓶 50ml 的量,接种到灭菌三角瓶中,置于 100r/min 的摇床上进行培养,培养温度为(25±2)℃,每天光照 12h/黑暗 12h。

1) 接种密度对乌腺金丝桃悬浮细胞生长的影响

在 50ml 的悬浮细胞培养液[MS+2,4-D(4.0mg/L)+6-BA(0.2mg/L)+蔗糖(25g/L)]中分别接入鲜重为 0.5g、1.0g、1.5g、2.0g、2.5g 的乌腺金丝桃愈伤组织细胞,其他步骤按照乌腺金丝桃细胞悬浮培养的基本程序操作。培养条件同上。培养 20d 后,取样检测总黄酮含量及生物量。细胞干重即生物量,总黄酮含量测定方法参照刘潼等(2014)的试验方法。随着接种量的增加,金丝桃悬浮细胞的生长量增大。当 50ml 的液体培养基中接种 2.0g 新鲜细胞时,生物量积累最多,干重达到 9.69g/L。接种密度继续增大时最终生物量反而有所降低。黄酮含量变化曲线与细胞生长曲线变化趋势相似(图 5-4-2)。有研究报道,在液体悬浮培养条件下,植物细胞间仍存在着物质与信号的交换,即使接种密度过低,前期细胞生物量也会有一定积累;但随着细胞代谢产生的有害物质的积累,会抑制细胞的正常生长,甚至会导致细胞死亡。接种量过高会导致细胞短期内生长速度过快、细胞液泡变大,大量积累对细胞生长不利的次生代谢产物,培养基中养分迅速降低,从而导致最终生物量及重要次生代谢产物的合成量降低(宋必卫等,1995)。因此确定最佳接种量为 2.0g/50ml。

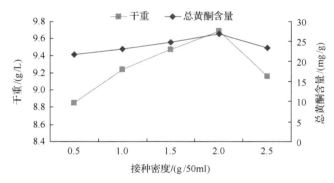

图 5-4-2 接种密度对悬浮细胞生长的影响

2) 温度对乌腺金丝桃悬浮细胞生长的影响

选择 21℃、23℃、25℃、27℃和 29℃ 5 个梯度的温度培养,其他步骤按照乌腺金丝桃细胞悬浮培养的基本程序操作。其他培养条件同上。培养 20d 后,生物量及总黄酮含量的测定结果(图 5-4-3)表明,在 21~29℃,温度对悬浮细胞生长影响不大。23~27℃时,细胞生长迅速,黄酮含量则在 25℃时达到最大值,综合考虑,选择金丝桃悬浮培养的最适温度为 25℃。

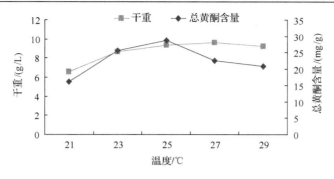

图 5-4-3　温度对悬浮细胞生长的影响

3) pH 对乌腺金丝桃悬浮细胞生长的影响

取生长状态一致的 2.0g 悬浮细胞 4 份，分别接种于 50ml pH 为 5.4、5.6、5.8、6.0 的液体培养基中，其他步骤按照乌腺金丝桃细胞悬浮培养的基本程序操作。其他培养条件同上。培养 20d 后测定的总黄酮含量及生物量结果（图 5-4-4）显示，在 pH 5.4～6.0，细胞都能生长，其中 pH 5.8～6.0 时细胞干重（即生物量）较高，pH 5.4 时较低。悬浮细胞生物量和总黄酮含量在 pH 5.8 时都较高，因此乌腺金丝桃悬浮细胞培养的最适 pH 为 5.8。

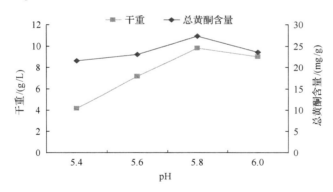

图 5-4-4　pH 对悬浮细胞生长的影响

4) 摇床转速对乌腺金丝桃悬浮细胞生长的影响

植物细胞悬浮培养时已形成大小不一的细胞团，摇床转速如果过高易造成对细胞伤害的剪切力；而如果转速过低，不但细胞易成团，且细胞堆积，造成营养"死"角，细胞得不到充足的营养，易衰老死亡，且转速低使瓶内溶氧量减少，不利于细胞生长（叶国洪等，2000；Ho et al.，2006）。植物细胞中液泡占 95% 以上的体积，植物细胞的细胞壁主要由纤维素组成，这些使得植物细胞对剪切力的敏感性要高于微生物，一般转速控制在 90～120r/min（化青报等，2008）。

取生长状态一致的 2.0g 悬浮细胞接种于 50ml 的培养基中，25℃下分别置于

60r/min、80r/min、100r/min、120r/min 的转速下进行细胞悬浮培养。20d 后测定细胞生物量及总黄酮含量。乌腺金丝桃悬浮细胞在 60～100r/min 的转速下培养，生物量和总黄酮含量随转速的提高而增大。但在 120r/min 的转速下，乌腺金丝桃悬浮细胞生物量明显下降，并出现褐化现象。80r/min 不如 100r/min 下悬浮细胞的分散性好（图 5-4-5），所以选择最适培养转速为 100r/min。

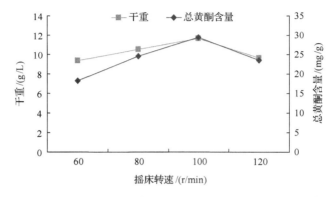

图 5-4-5　摇床转速对悬浮细胞生长的影响

5）培养基对乌腺金丝桃悬浮细胞生长的影响

基于前期对乌腺金丝桃愈伤组织的诱导，同时参考有利于贯叶金丝桃悬浮细胞生长和次生代谢产物积累的培养基（谷贵章和殷晓敏，2006；王璟，2014），选取了 4 种培养基配方（表 5-4-7）进行培养，筛选适合悬浮细胞的培养基成分。

表 5-4-7　乌腺金丝桃悬浮细胞培养基

编号	基础培养基	2,4-D	6-BA	NAA
1	MS	1.0mg/L	0.2mg/L	
2	MS	2.0mg/L	0.2mg/L	
3	MS	4.0mg/L	0.2mg/L	
4	MS		0.2mg/L	2.0mg/L

培养 20d 后，细胞生物量及总黄酮含量的测定结果（图 5-4-6）显示，不同的培养基配方对乌腺金丝桃悬浮细胞生物量和总黄酮含量影响较大。以 2 号培养基为最佳培养基，细胞生长快速、抱团现象和褐化现象不明显，且细胞生物量和总黄酮含量均较高。3 号培养基中虽然悬浮细胞生物量积累最多，但总黄酮含量与 2 号相比较低。因此较适合乌腺金丝桃悬浮细胞培养的培养基配方为 MS+2,4-D 2.0mg/L+6-BA 0.2mg/L。

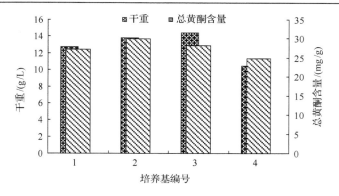

图 5-4-6 培养基配方对乌腺金丝桃悬浮细胞生长的影响

6) 蔗糖浓度对乌腺金丝桃悬浮细胞生长的影响

采用 MS+2,4-D 4.0mg/L+6-BA 0.2mg/L，分别添加 0g/L、25g/L、50g/L、75g/L 的蔗糖，其他步骤按照乌腺金丝桃细胞悬浮培养的基本程序操作。细胞悬浮培养 20d 后发现，随着蔗糖浓度的提高，细胞生物量先增加后减少，25g/L 的蔗糖浓度下生物量最高。低蔗糖浓度条件下，细胞生长受到抑制，这与蔗糖提供的碳源含量低有一定的关系，并且其总黄酮含量较低。在较高渗透压下，生长量较大，但干重有所下降，黄酮含量中等（图 5-4-7）。因此较适合乌腺金丝桃悬浮细胞生长和总黄酮积累的蔗糖浓度为 25g/L。

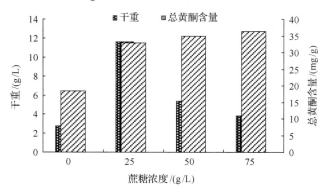

图 5-4-7 蔗糖浓度对乌腺金丝桃悬浮细胞生长的影响

7) 前体对乌腺金丝桃悬浮细胞生长的影响

L-苯丙氨酸作为苯丙烷代谢途径的起始物质，在利用植物细胞培养生产黄酮类化合物的过程中起着重要的作用（Maisenbacher and Kovar，1997）。江静等（2002）在研究银杏细胞悬浮培养中发现苯丙氨酸是生物合成黄酮的前体。王璟（2014）在贯叶金丝桃细胞悬浮培养中添加 L-苯丙氨酸可显著提高总黄酮的含量。

在细胞悬浮培养的第 0 天分别添加终浓度为 25mg/L、50mg/L、100mg/L、

150mg/L 的 L-苯丙氨酸，每个处理至少重复 3 次，20d 后测定结果表明，低浓度（50mg/L）的 L-苯丙氨酸对乌腺金丝桃悬浮细胞的生长有轻微的促进作用，但效果不明显。较高浓度（100～150mg/L）的 L-苯丙氨酸对其生长影响不明显。然而，L-苯丙氨酸前体的添加对乌腺金丝桃悬浮细胞中总黄酮的积累有显著的促进作用，随着前体浓度的增加，细胞内总黄酮含量逐渐上升（图 5-4-8），当 L-苯丙氨酸浓度为 50mg/L 时，细胞内总黄酮含量达到较高水平，同时细胞生物量达到最大（图 5-4-8），因此 50mg/L 为 L-苯丙氨酸前体饲喂的最佳浓度。

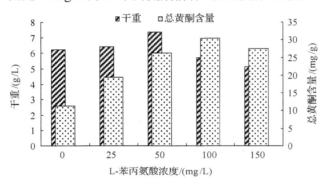

图 5-4-8 L-苯丙氨酸前体对乌腺金丝桃悬浮细胞生长的影响

8）不同诱导子对乌腺金丝桃悬浮细胞生长的影响

植物细胞悬浮培养为黄酮类物质的生产提供了一条新途径，但是产量偏低是制约其工业化应用的瓶颈（Bagdonaite et al.，2012）。在植物细胞培养的过程中，通过添加次生代谢产物合成途径中的前体物质可以有效促进酶与底物的结合，使生物合成向目标代谢产物含量增加的方向进行。此外，植物次生代谢产物通常是植物应对外界环境压力所产生的自身防御性物质。能够导致植物次生代谢产物增加的环境压力（生物的、物理的和化学的因子）统称为诱导子，在植物细胞培养时添加诱导子是增加次生代谢产物产量的一个重要策略。许多研究表明，利用诱导子和前体物对生物合成途径进行调控是提高植物细胞中次生代谢产物积累的行之有效的方法（Liu et al.，2007；Cui et al.，2011；王璟，2014）。

在细胞培养的第 15 天分别添加终浓度为 0μmol/L、50μmol/L、100μmol/L、150μmol/L、200μmol/L 的茉莉酸甲酯（MeJA），培养第 20 天后取样检测结果表明（图 5-4-9），不同浓度的诱导子 MeJA 对乌腺金丝桃悬浮细胞生长均有一定的抑制作用。但是低浓度（50～100μmol/L）抑制作用较小，较高浓度（150～200μmol/L）抑制作用较强。

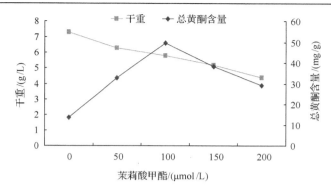

图 5-4-9　不同浓度的茉莉酸甲酯对乌腺金丝桃悬浮细胞生长的影响

诱导子 MeJA 对乌腺金丝桃悬浮细胞中总黄酮的积累有着显著的促进作用。当添加量为 100μmol/L 时总黄酮含量最高，达到 49.6mg/g，为对照的 3.6 倍。在较低浓度（50～100μmol/L）时，随着诱导子浓度增加，悬浮细胞中总黄酮含量明显提高；当诱导子浓度继续增大时，促进作用反而减弱，总黄酮含量明显降低，这可能是由于较高浓度的 MeJA 对乌腺金丝桃悬浮细胞的生长产生了抑制，进而导致总黄酮含量降低。

吉林农业科技学院生物工程学院生物技术专业实验室通过对接种密度、培养温度、pH、摇床转速、培养基组成及蔗糖浓度等培养条件进行研究，初步确定建立了乌腺金丝桃悬浮培养体系，较适合其细胞悬浮培养的培养条件为：在 MS+2,4-D 2.0mg/L+6-BA 0.2mg/L+蔗糖 25g/L（pH 5.8）的培养基中，按照每 50ml 培养基中添加 2.0g 新鲜细胞的密度进行接种，25℃，100r/min 的转速下培养 20d，悬浮细胞生物量及总黄酮含量达到最高，进一步添加前体和诱导子可显著提高总黄酮的积累。

（二）乌腺金丝桃组织培养物中功能物质的含量测定

1. 乌腺金丝桃供试品溶液的制备

分别取栽培的乌腺金丝桃叶片、继代 5 次的愈伤组织、悬浮细胞 5 份，其中悬浮细胞及愈伤组织需用蒸馏水反复冲洗 5 次，40℃完全干燥后，研钵中充分研磨成粉状。每份称取 0.25g。加入 25ml 60%的乙醇，称重，超声处理 60min，降至室温，补充，摇匀。5000r/min 离心 10min，取上清液，使用 0.45μm 微孔滤膜过滤后作为供试品溶液备用。

2. 乌腺金丝桃供试品中总黄酮含量测定

总黄酮的检测方法采用分光光度法。

1）标准曲线绘制

精确称取 2.5mg 芦丁标准品，加 90%乙醇定容到 25ml 容量瓶中，摇匀即得浓度为 0.1mg/ml 芦丁对照品溶液。精确吸取上述对照品溶液 0.0ml、1.0ml、2.0ml、3.0ml、4.0ml、5.0ml 分别置于 20ml 具塞试管中，各加 90%乙醇至 5ml，再依次加 5% NaNO$_2$ 0.3ml 摇匀,放置 6min,10% Al(NO$_3$)$_3$ 0.3ml 摇匀,放置 6min,4% NaOH 4ml 摇匀,放置 15min。以不加芦丁标品溶液同法操作得到的溶液作为空白对照,在 510nm 波长处测定吸光度。以吸光度(A)为纵坐标,溶液浓度(C)为横坐标绘制标准曲线。标准曲线的回归方程为:$A=7.9125C-0.0033$,$r=0.9998$,表明芦丁在 0.0104~0.0527mg/ml 内线性关系良好。

2)总黄酮含量测定及结果分析

吸取供试品溶液 2.0ml,按照标准曲线绘制的方法测定吸光度。根据总黄酮回归方程,计算各供试样品溶液中总黄酮的含量(表 5-4-8)。栽培一年的乌腺金丝桃中总黄酮平均含量为 28.74mg/g,愈伤组织中总黄酮平均含量为 27.99mg/g,两者之间几乎无差异。经优化培养的乌腺金丝桃悬浮细胞中,总黄酮平均含量高达 40.58mg/g,约为栽培材料和愈伤组织总黄酮含量的 1.4 倍。

表 5-4-8 乌腺金丝桃总黄酮与金丝桃素含量测定结果

样品	总黄酮含量/(mg/g)	平均含量/(mg/g)	RSD/%	金丝桃素含量/(mg/g)	平均含量/(mg/g)	RSD/%
栽培样品	29.15			2.95		
	27.77			2.87		
	28.94	28.74	2.1	2.98	2.976	3.05
	28.57			2.96		
	29.26			3.12		
愈伤组织	27.51			0.340		
	29.00			0.327		
	27.42	27.99	2.4	0.318	0.323	3.85
	27.69			0.306		
	28.31			0.323		
悬浮细胞	39.6			3.12		
	42.3			3.45		
	39.1	40.58	2.2	3.26	3.28	0.25
	43.5			3.59		
	38.4			2.97		

3. 乌腺金丝桃供试品中金丝桃素含量测定

1)色谱条件

色谱柱:Symmetry-C$_{18}$(150mm×4.6mm,5μm)。流动相:甲醇-0.006mol/L磷酸氢二钠水溶液(87.5∶12.5),流速 1.0ml/min,检测波长 590nm,柱温 30℃;进样量 10μl。

2)标准品溶液制备

精密称取干燥至恒重的金丝桃素标准品 2.04mg,置于 10ml 容量瓶中,加甲醇超声使其溶解并定容,摇匀,即制成 204μg/ml 的金丝桃素标品溶液。

3)标准曲线绘制

精密量取上述金丝桃素标品溶液 0.1ml、0.2ml、0.5ml、1.0ml、2.0ml、5.0ml

置于 10ml 容量瓶中，加甲醇定容，摇匀，0.45μm 微孔滤膜过滤，取滤液，分别进样 10μl，按上述色谱条件测定峰面积。以峰面积（Y）为纵坐标，对照品溶液浓度（X）为横坐标，绘制标准曲线。

4）供试样品金丝桃素含量测定及结果分析

分别精密吸取各供试品溶液 10μl，注入液相色谱仪，按色谱条件测定峰面积，以外标法计算金丝桃素含量。

金丝桃素标准品、栽培乌腺金丝桃及乌腺金丝桃愈伤组织样品 HPLC 色谱图如图 5-4-10 所示。根据金丝桃素回归方程，计算各供试样品溶液中金丝桃素的含量（表5-4-8）。相比总黄酮的含量，金丝桃素的平均含量在栽培样品与愈伤组织样品中差异较大，分别为 2.976mg/g 和 0.323mg/g。而经优化培养的悬浮细胞中金丝桃素的平均含量高达 3.28mg/g，含量高于栽培样品的含量，显著高于愈伤组织中金丝桃素的含量。

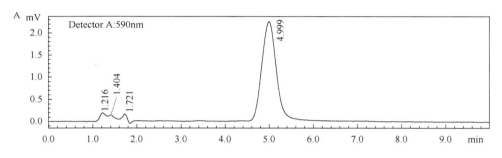

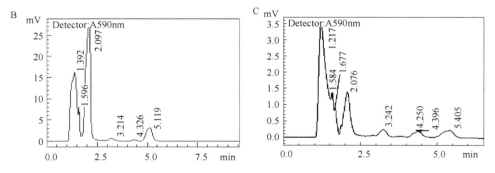

图 5-4-10 乌腺金丝桃栽培苗及金丝桃愈伤组织样品 HPLC 色谱图

A.金丝桃素标准品 HPLC 色谱图；B.栽培 1 年的乌腺金丝桃样品 HPLC 色谱图；
C.乌腺金丝桃愈伤组织样品 HPLC 色谱图

乌腺金丝桃悬浮细胞的生长周期只需 20d 左右，而且每 20d 就可以继代一次。乌腺金丝桃悬浮细胞的培养周期短，可短时间按指数倍大量繁殖，而且不受生长季节的限制。综合考虑，在相同的生长时间内，应用悬浮细胞培养体系最终获得的乌腺金丝桃生物材料的总量要远远高于依靠栽培获得的生物材料。同时悬浮细胞中总黄酮及金丝桃素的含量显著高于栽培样品的含量。

吉林农业科技学院生物工程学院专业实验室建立了高效稳定的乌腺金丝桃悬浮培养体系，并对其有效成分总黄酮和金丝桃素进行了定性研究，旨在为工业化生产天然次生代谢产物奠定基础，并为以后对金丝桃属细胞次生代谢产物作用机理的研究提供丰富的生物材料。

第五节 加工储藏方法

研究发现乌腺金丝桃植物体内含有多种具有生物活性的化学成分，其中最主要的生物活性成分为金丝桃素及黄酮类成分。金丝桃素为萘骈蒽酮类化合物，稳定性较差，尤其在光照、高温条件下易被氧化。黄酮类成分及金丝桃素常作为评价乌腺金丝桃药材质量的重要质量指标，因此，研究加工储藏条件对其含量的影响尤为重要。

样品的预处理：由于药材中含有一定量杂质，因此，需将干燥的乌腺金丝桃全草粉碎成粗粉进行脱脂预处理，避免叶绿素等脂溶性杂质在测定含量时产生干扰。

含量测定方法：实验采用紫外-可见分光光度法测定总黄酮及金丝桃素的含量，该方法快速、简便，可用于药材的质量控制。

一、储藏条件对产品质量的影响

(一) 药材的储藏条件

冷冻是储藏及运输中为抑制微生物繁殖、防止有机体腐败常见的方法，通过降低温度使物体凝固并冻结，以达到材料保鲜的状态。

研究中采取冷冻方法对刚采集的新鲜乌腺金丝桃进行储藏。按质量均分成3等份，置于低温冷冻箱(-20℃)中，分别冷冻30d、60d、90d。

(二) 总黄酮成分含量的变化

研究中，通过对比新鲜乌腺金丝桃与冷冻后乌腺金丝桃的花、茎、叶、果实中总黄酮含量的变化，发现除叶之外，其他各部位总黄酮含量均有下降，并且冷冻时间延长后，含量会继续下降，但降低速度减慢。在考察叶总黄酮含量变化时发现，叶中总黄酮含量并未降低，反而会随着冷冻时间延长而逐渐升高，并在前30d时含量升高较为明显。结果见表5-5-1。

表5-5-1 冷冻储藏方法对乌腺金丝桃中总黄酮含量的影响 （单位：mg/g）

部位	新鲜	冷冻30d	冷冻60d	冷冻90d
花	19.46	12.74	10.20	8.15
茎	8.72	5.63	4.14	3.75
叶	6.44	14.77	17.42	19.34
果实	9.08	8.18	7.67	7.43

(三)金丝桃素含量的变化

通过研究发现,在冷冻储藏过程中,乌腺金丝桃中金丝桃素总量缓慢降低,并不明显。在药材各部位的研究中,花、果实会随着冷冻时间延长缓慢降低,逐渐趋于平缓。而茎、叶中金丝桃素含量会逐步升高,并趋于平缓(表 5-5-2)。

表 5-5-2　冷冻储藏方法对乌腺金丝桃中金丝桃素含量的影响　(单位:mg/g)

部位	新鲜	冷冻 30d	冷冻 60d	冷冻 90d
花	1.44	1.32	1.19	1.12
茎	0.21	0.24	0.27	0.28
叶	0.37	0.51	0.60	0.73
果实	1.03	0.92	0.84	0.76

二、加工方法对产品质量的影响

(一)药材的加工方法

药材经采收后,产地加工大多经过干燥过程,常见的加工干燥有阴干、暴晒、烘干等。不同加工干燥过程对药材有效成分的含量均可能造成影响,所以为探讨不同的加工方法对乌腺金丝桃中总黄酮及金丝桃素含量的影响,采取了以下方法。

烘干:将刚采集的新鲜乌腺金丝桃药材分别置于 40℃、60℃、80℃烘箱中干燥 12h。

阴干:将刚采集的新鲜乌腺金丝桃药材置于阴凉通风处(约 25℃)阴干约一周。

暴晒:将刚采集的新鲜乌腺金丝桃药材置于强烈阳光下暴晒约 40h。

(二)总黄酮含量的变化

研究中,对比了新鲜乌腺金丝桃与加工后乌腺金丝桃各部位中总黄酮含量的变化。在加工干燥过程中,烘干效果最为明显,药材中总黄酮含量明显高于新鲜、暴晒及阴干下的总黄酮含量,3 个烘干条件下乌腺金丝桃中总黄酮含量基本保持平衡,其中花、茎、叶各部位以 60℃含量最高,并有随着温度升高而下降的趋势,果实中含量随着温度升高缓慢降低。研究发现,药材在阴凉通风处常温阴干,茎、叶、果实各部位中总黄酮含量变化较小,但花中含量降低较多。此外,在 3 种加工干燥方法中,经暴晒干燥后花、叶中总黄酮含量低于烘干干燥,优于阴干干燥效果,但茎中含量为 3 种方法中最低。综合以上数据,以药材总黄酮含量为质量指标,3 种加工干燥方法为烘干>暴晒>阴干。结果见表 5-5-3。

表 5-5-3　加工干燥方法对乌腺金丝桃中总黄酮含量的影响　（单位：mg/g）

部位	新鲜	烘干			暴晒	阴干
		40℃	60℃	80℃		
花	19.46	34.46	36.75	35.12	29.56	8.18
茎	8.72	9.53	10.62	9.13	5.34	11.10
叶	6.44	28.75	29.63	28.53	19.33	7.73
果实	9.08	8.27	7.96	7.51	9.16	8.27

(三) 金丝桃素含量的变化

根据试验结果得知，金丝桃素作为稳定性较差的成分，对光敏感，加工干燥对其含量影响较大，暴晒与阴干后花中金丝桃素总含量均低于烘干干燥。因此，以金丝桃素总含量为指标，3 种加工方法为烘干＞阴干＞暴晒。此外，对比不同烘干干燥下金丝桃素的含量变化发现，除果实外，其他药材各部位在烘干干燥过程中，含量均有一定提高，其原因可能是其部位中含有一些金丝桃素的前体物质，如原金丝桃素。随着烘干温度的升高，药材中金丝桃素的含量会逐渐降低。结果见表 5-5-4。

表 5-5-4　加工干燥方法对乌腺金丝桃中金丝桃素含量的影响　（单位：mg/g）

部位	新鲜	烘干			暴晒	阴干
		40℃	60℃	80℃		
花	1.44	2.17	2.12	1.96	0.77	1.08
茎	0.21	0.27	0.26	0.22	0.28	0.28
叶	0.37	0.56	0.52	0.46	0.45	0.52
果实	1.03	0.65	0.63	0.55	0.49	0.69

对盛花期栽培乌腺金丝桃进行测产

对盛花期的乌腺金丝桃进行采收、测产

对成熟的乌腺金丝桃进行采收

晾晒采收的成熟乌腺金丝桃

参 考 文 献

艾建国, 高山林. 2003. 丹参同源四倍体的诱导、鉴定及有效成分的含量测定. 药物生物技术, 10(6): 372-376.
曹有龙, 贾勇炯, 陈放, 等. 1999. 枸杞花药愈伤组织细胞悬浮培养与植株再生. 云南植物研究, 21(3): 346-350.
陈柏君, 高山林, 卞云云. 2000. 黄芩组织培养同源四倍体的诱导. 植物资源与环境学报, 9(1): 9-11.
陈茂霞, 朱慧. 2001. 贯叶金丝桃的化学成分与药理作用研究进展. 中药研究与信息, 3(10): 24-27.
陈全战, 宋东杰. 2003. 贯叶金丝桃组织培养的研究. 中国野生植物资源, 22(3): 42-44.
陈心昃, 高山林, 卞云云. 2003. 白术同源四倍体的诱导和鉴定及其与二倍体过氧化物酶的比较. 植物资源与环境学报, 3(1): 17-21.
丁如贤, 许铁峰, 张汉明. 2000. 贯叶连翘的组织培养和快速繁殖. 第二军医大学学报, 21(10): 904-906.
董建勇, 贾忠建. 2005. 赶山鞭中黄酮类化学成分研究. 中国药学杂志, 40(12): 897-899.
杜令阁, 侯艳华, 常维春, 等. 1986. 平贝母花粉植株的诱导及无性系的建立. 遗传学报, 13(4): 22-25.
杜令阁, 侯艳华, 吕永兴, 等. 1983. 人参花药培养中再生植株的诱导. 植物生理学通讯, (6): 39-40.
高剑平, 张梁, 孙莉娜, 等. 2010. 铁皮石斛组培快繁关键技术研究概述. 福建农业科技, (4): 78-79.
高山林. 2001. 药用植物遗传育种的现状与展望. 中药现代化, 3(6): 58-62.
高山林, 舒奕. 2002. 桔梗同源四倍体的诱导与鉴定. 中药材, (7): 4-5.
谷贵章, 殷晓敏. 2006. 金丝桃细胞悬浮培养条件的优化. 食品与药品, 8(11): 31-34.
关文灵. 2003. 西南金丝桃茎段的离体培养和植株再生. 植物生理学通讯, 39(3): 226.
贺建国, 赵晶, 王金委. 2002. HPLC 法测定滇西产金丝桃属植物中金丝桃素的含量. 西南国防医药, 12(1): 23-25.
胡君萍, 杨建华, 马成, 等. 2003. HPLC 测定新疆贯叶金丝桃中金丝桃素的含量. 华西药学杂志, 18(5): 369-371.
胡之璧, 周吉燕, 刘涤. 1999. 不同培养方式对三尖杉培养细胞中生物碱组成和含量的影响. 上海中医药大学学报, 1: 60-62.
化青报, 翟晓巧, 段艳芳. 2008. 木本植物悬浮细胞培养影响因素研究. 河南林业科学, 28(2): 13-15, 22.
黄璐琳, 胡尚钦, 杨晓. 2006. 药用植物生物工程研究进展Ⅰ. 组织和细胞培养研究. 中草药, 34(4): 486-491, 520.

黄遵锡, 慕跃林. 1997. 发根农杆菌转化短叶红豆杉愈伤组织诱生发根生产紫杉醇. 云南植物研究, 3: 292-296.
纪萍, 司徒琳莉, 赵伟东. 2002. 三种芦荟的组织培养及快速繁殖的研究. 中国林副特产, (1): 9.
贾摇程, 何摇飞, 樊摇华, 等. 2010. 植物种群构件研究进展及其展望. 四川林业科技, 3(31): 43-50.
江静, 尚富德, 高青雨. 2002. 银杏细胞悬浮培养及其黄酮类物质生产. 河南大学学报, 32(30): 20-24.
姜波, 叶节, 周章章, 等. 2010. 矮壮素对贯叶连翘生长和金丝桃素含量的影响. 安徽农业科学, 38(28): 15636-15639, 15672.
雷颖, 焦兴礼. 2004. 金丝梅的组织培养和快速繁殖. 植物生理学通讯, 45(5): 580.
黎磊, 周道玮, 盛连喜. 2011. 密度制约决定的植物生物量分配格局. 生态学杂志, 30(8): 1579-1589.
李冀, 石鑫, 高彦宇. 2012a. 乌腺金丝桃抗抑郁作用的药理研究. 中医药信息, 29(2): 16-17.
李冀, 闫东, 毕珺辉. 2012b. 乌腺金丝桃正丁醇萃取物对氯化钙诱发大鼠快速性心律失常的影响. 中医药信息, 29(4): 144-145.
李浚明. 2002. 植物组织培养教程. 北京: 中国农业大学出版社: 11.
李晓坤, 于雷, 郝鹏飞, 等. 2012. 金丝桃素的酶提取工艺优选. 中国实验方剂学杂志, 18(8): 46-49.
刘端驹, 蒙爱东, 邓锡青, 等. 1988. 铁皮石斛试管苗快速繁殖研究. 药学学报, 23(8): 626.
刘潼, 张南翼, 常桂英, 等. 2014. 野生与栽培乌腺金丝桃不同部位中总黄酮及芦丁的含量变化. 中药材, 37(6): 960-963.
刘晓娜. 2007. 贯叶连翘和元宝草组织培养及活性成分代谢调控. 北京: 中国农业大学博士学位论文.
刘燕, 龙成昌, 巫华美, 等. 2011. 贵州金丝桃组培快速繁殖技术研究. 种子, 30(10): 40-42.
吕秀立. 2011. 冬绿金丝桃离体培养及产业化关键技术. 林业科技开发, 25(3): 118-121.
马育轩, 王艳丽, 周海纯, 等. 2012. 乌腺金丝桃的化学成分及药理作用研究进展. 中医药学报, 40(6): 125-126.
梅兴国, 鲁明波, 余龙江, 等. 1997. 红豆杉细胞悬浮培养及动力学研究. 植物生理学通讯, 25(2): 104-106.
秦金山, 王莉, 陈素萍, 等. 1985. 枸杞同源四倍体新物种类型的建立. 遗传学报, (3): 40-43.
仇燕, 贾宁, 王丽, 等. 2003. 诱导子在红豆杉细胞培养生产紫杉醇中的应用研究进展. 植物学通报, 20(2): 184-189.
任华, 王永清, 林静. 2007. 川滇金丝桃的组织培养. 植物生理学通讯, 43(4): 735-735.
任华. 2007. 川滇金丝桃组织培养及植株再生研究. 成都: 四川农业大学硕士学位论文.
宋必卫, 陈志武, 马传庚. 1995. 金丝桃苷对大鼠胃粘膜的细胞保护作用. 中国药理学通报, 11: 46-50.
宋馨, 祝建, 吕洪飞, 等. 2006. 贯叶金丝桃愈伤组织分化及二蒽酮类物质的积累. 中国药理学会制药工业专业委员会第十二届学术会议, 中国药学会应用药理专业委员会第二届学术会议. 2006年国际生物医药及生物技术论坛(香港)会议论文集.
宋馨, 祝建, 吕洪飞. 2007. 贯叶连翘愈伤组织中分泌细胞群的发生与金丝桃素类物质的积累. 分子细胞生物学报, 40(1): 49-61.
苏新, 方坚. 1990. 浙贝母愈伤组织超低温保存的研究. 中药材, 13(12): 3-5.
宿爱芝, 郑益兴, 吴疆翀, 等. 2012. 不同栽培密度对辣木人工林分枝格局及生物量的影响. 生态学杂志, 31(5): 1057-1063.
孙居锋, 李洪娟. 2009. 抗病毒植物有效成分研究. 安徽农业科学, 37(7): 2844-2847.
孙瑞强, 郭志刚, 刘瑞芝, 等. 2004. 栽培藏红花与藏红花培养细胞的成分对比研究. 中国中药杂志, 29(9): 850-853.
汤行春, 刘幼琪. 2000. 连翘组织培养研究Ⅰ: 愈伤组织的诱导与培养条件的优化. 湖北大学学报(自然科学版), 22(2): 185-187.
王保军, 张秀清, 孙立伟, 等. 2008. 茉莉酸甲酯(MeJA)对贯叶连翘悬浮细胞生长和贯叶金丝桃素产量的影响. 植物生理学通讯, 44(4): 669-672.

王海菲. 2011. 艳果金丝桃再生和遗传转化体系的研究. 武汉: 华中农业大学硕士学位论文.
王璟. 2014. 贯叶连翘悬浮细胞培养生产黄酮类物质的研究. 上海: 华东理工大学硕士学位论文.
王莉, 陈素萍, 秦金山. 1984. 枸杞胚乳培养得到完整植株. 植物生理学通讯, (2): 35.
王力. 2005. 金丝桃素合成酶的基因克隆、表达及其酶学性质研究. 北京: 中国农业大学硕士学位论文.
王文兰, 黄贤荣, 张丽萍. 2007. 药用植物细胞发酵培养的研究进展. 实用医学杂志, 24(7): 867-869.
王晓菊, 张立伟. 2005. 贯叶连翘中金丝桃素分离工艺的研究. 山西大学学报(自然科学版), 28(1): 75-77.
王亦菲, 孙月芳, 周润梅. 2007. 贯叶连翘的离体培养与四倍体诱导. 上海农业学报, 23(4): 14-17.
温明霞, 振朋, 林媚, 等. 2007. 铁皮石斛组织培养与快速繁殖研究进展. 广西农业科学, 38(3): 227-230.
谢德玉, 康宁玲, 李国珍. 1995. 中药青蒿的核型研究. 植物学通报, 12(增刊): 71-72.
邢震, 郑维列. 2000. 多蕊金丝桃的组织培养. 扬州大学学报(农业与生命科学版), 21(1): 45-47.
徐皓. 2007. 贯叶连翘的化学成分及药理作用研究. 安徽农业科学, 35(14): 4219-4221.
徐茂军, 董菊芳, 张刚. 2005. NO对金丝桃悬浮细胞生长及金丝桃素生物合成的促进作用研究. 生物工程学报, 21(1): 66-70.
徐庆华, 李绍铭, 胡宝忠. 2010. 金丝桃属植物细胞培养研究进展. 安徽农业科学, 38(15): 7758-7760.
许明淑, 黄璐琦, 陈美兰, 等. 2003. 几种理化因子对贯叶金丝桃细胞培养中的细胞生长和总金丝桃素合成的影响研究. 中国中药杂志, 28(10): 921-923.
许明淑, 黄璐琦, 付梅红. 2000. 贯叶金丝桃愈伤组织的诱导及其有效成分的定性. 中国中药杂志, 26(12): 813-814.
寻晓红, 蒋泰文, 彭晓英, 等. 2003. 黄花蒿试管苗再生途径及多倍体诱发的研究. 湖南农业大学学报(自然科学版), (2): 30-34.
杨静. 2008. 植物组织培养在中药领域的应用. 中华中医药学会第九届中药鉴定学术会议论文集——祝贺中华中医药学会中药鉴定分会成立二十周年.
叶国洪, 穆虹, 徐凤彩. 2000. 培养条件对烟草细胞生长和CoQ10含量的影响. 华南农业大学学报, 21(2): 42-45.
殷志琦, 王英, 张冬梅, 等. 2004. 金丝桃属植物化学成分研究进展. 中国野生植物资源, 23(1): 6-7.
尹兴斌, 曲昌海, 张晓燕, 等. 2013. 贯叶金丝桃中金丝桃苷在比格犬体内的药代动力学研究. 中国实验方剂学杂志, 19(2): 140-143.
于晓坤, 李德阳, 代月, 等. 2013. 贯叶连翘的组织培养和金丝桃素的生产. 广东农业科学, 4: 17-19, 25.
余爱农, 龚发俊, 马济美. 2003. 金丝桃素研究新进展. 湖北民族学院学报(自然科学版), 21(1): 44-47.
曾虹燕, 周朴华. 2002. 元宝草愈伤组织诱导和器官分化. 植物生理学通讯, 38(3): 231-234.
张东. 2005. 贯叶连翘茎段和叶片的离体培养及植株再生研究. 中国农学通报, 21(8): 51-52.
张克勤, 薛晓丽, 孔令瑶, 等. 2011. 长柱金丝桃中金丝桃素的含量变化. 中国药学杂志, 46(3): 174-176.
张娜, 张秀清, 苏东海, 等. 2005. 贯叶连翘愈伤组织诱导及其金丝桃素检测. 河南农业科学, 34(6): 66-69.
张楠, 王保军, 张秀清, 等. 2007. 元宝草悬浮细胞培养及其生长特性研究. 华北农学报, 22(5): 120-122.
张喜. 2011. 乌腺金丝桃中金丝桃素的含量测定及提取纯化金丝桃素的工艺研究. 长春: 吉林大学硕士学位论文.
张智慧, 张金渝, 金航. 2006. 组织培养在药用植物育种上的应用. 西南农业学报, 19: 496-499.
章晓玲, 张玲菊, 朱玉球, 等. 2013. 铁皮石斛无性系繁育培养基专用性的研究. 中国中药杂志, 4: 494-497.
赵琳, 郭志刚, 刘瑞芝, 等. 2004. 肉苁蓉药材与盐生肉苁蓉培养细胞的主要成分对比研究. 中草药, 35(7): 814-817.
赵沛基, 甘烦远, 珠娜, 等. 2003. 青阳参组织培养及愈伤组织的成分分析. 植物学通报, 20(5): 565-571.
郑光植, 何静波, 王世林. 1983. 药用植物组织培养的研究 V. 生长速率和东莨菪碱量皆高而稳定的变异体. 植物生理学报, 9(2): 129-134.
郑加琴, 宋学初. 2002. 芦荟组织培养快速育苗试验. 江苏林业科技, 29(2): 32.
郑炜, 连树林, 孙国辉, 等. 2010. HPLC测定乌腺金丝桃中金丝桃素的含量. 吉林中医药, 30(11): 999-1000.

郑志仁, 彭佶松, 刘涤, 等. 1997. 黄芪毛状根的大量培养. 植物生理学通讯, 33(2): 133-134.

周尧, 唐宁, 宋东杰. 2012. 贯叶金丝桃离体培养及植株再生体系的建立. 安徽农业科学, 40(2): 62, 66.

朱登云, 蒋金火, 裴德清, 等. 1997. 由杜仲成熟干种子胚乳培养再生完整植株. 科学通报, 42(5): 559-560.

Agostinis P, Vantieghem A, Merlevede W, et al. 2002. Hypericin in cancer treatment: more light on the way. Int J Biochem Cell Biol, 34(3): 221-241.

Ana PMB, Natasha M, Sandra B, et al. 2007. Benzopyrans in *Hypericum polyanthemum* Klotzsch ex Reichardt cultured *in vitro*. Acta Physiologiae Plantarum, 29(2): 165-170.

Bagdonaite E, Martonfi P, Repcak M, et al. 2012. Variation in concentrations of major bioactive compounds in *Hypericum perforatum* L. from Lithuania. Industrial Crops and Products, 35(1): 302-308.

Bais H, Walker T, McGrew J, et al. 2002. Factors affecting growth of cell suspension cultures of *Hypericum perforatum* L. (St. John's wort) and production of hypericin. In Vitro Cellular & Developmental Biology Plant, 38(1): 58-65.

Bais HP, Vepachedu R, Lawrence CB, et al. 2003. Molecular and biochemical characterzation of an enyzme responsible for the formation of hypericin in St. John's Wort (*Hypericum perforatum* L). The Journal of Biological Chemistry, 278(34): 32413-32422.

Barathan M, Mariappan V, Shankar EM, et al. 2013. Hypericin-photodynamic therapy leads to interleukin-6 secretion by HepG2 cells and their apoptosis via recruitment of BH3 interacting-domain death agonist and caspases. Cell Death and Disease, 4(6): e697. doi: 10. 1038/cddis. 219.

Bernardi APM, Maurmann N, Rech SB, et al. 2007. Benzopyrans in *Hypericum polyanthemum* Klotzsch ex Reichardt cultured *in vitro*. Acta Physiol Plant, 29(2): 165-170.

Cardoso MA, Oliveira DE. 1996. Tissue culture of *Hypericum brasiliense* Choisy: shoot multiplication and callus induction. Plant Cell, Tissue and Organ Culture, 44(2): 91-94.

Charchoglyan A, Abrahamyan A, Fujii I, et al. 2007. Differential accumulation of hyperforin and secohyperforinin *Hypericum perforatum* tissue cultures. Phytochemistry, 68(21): 2670-2677.

Chen W, Gao WY, Jia W, et al. 2005. Advances in studies on tissue and cell culture in medicinal plants of *Panax* L. Chin Tradit Herb Drugs, 36(4): 616-620.

Çirak-Cüneyt, Ayan AK, Kevseroǧlu K. 2007. Direct and indirect regeneration of plants from internodal and leaf explants of *Hypericum bupleuroidesgris*. Journal of Plant Biology, 50(1): 24-28.

Cui XH, Murthy HN, Jin YX, et al. 2011. Production of adventitious root biomass and secondary metabolites of *Hypericum perforatum* L. in a balloon type airlift reactor. Bioresource Technology, 102: 10072-10079.

Daniela Z, Mišianiková A, Henzelyová J, et al. 2013. Xanthones from roots, hairy roots and cell suspension cultures of selected *Hypericum* species and their antifungal activity against *Candida albicans*. Plant Cell Reports, 34(11): 1953-1962.

Danova K, Čellárová E, Macková A, et al. 2010. *In vitro* culture of *Hypericum rumeliacum* Boiss. and production of phenolics and flavonoids. In Vitro Cell Dev Biol Plant, 46(5): 422-429.

Diasa CP, Tomas-Barber NFA, Fernandes-Ferreiram M, et al. 1998. Unusual flavonoids produced by callus of *Hypericum peratum*. Phytochemistry, 48(7): 1165-1168.

Franklin G, Conceição LF, Kombrink E, et al. 2009. Xanthone biosynthesis in *Hypericum perforatum* cells provides antioxidant and antimicrobial protection upon biotic stress. Phytochemistry, 70(1): 60-68.

Franklin G, Dias ACP. 2006. Organogenesis and embryogenesis in several *Hypericum perforatum* genotypes. In Vitro Cell Dev Biol Plant, 42(4): 324-330.

Gaid M, Haas P, Beuerle T, et al. 2016. Hyperforin production in *Hypericum perforatum* root cultures. J Biotechnol, 222: 47-55.

Ho CW, Jian WT, Lai HC. 2006. Plant regeneration via somatic embryogenesis from suspension cell cultures of *Lilium* x *formolongi* Hort. using a bioreactor system. In Vitro Cellular & Development Biology Plant, 42(3): 240-246.

Ishiguro K, Fukumoto H, Nakajima M, et al. 1993. Xanthones in cell suspension cultures of *Hypericum paturum*. Phytochemistry, 33(4): 839-840.

Karakas O, Toker Z, Tilkat E, et al. 2008. Effect of different concentrations of benzylaminopurine on shoot regener- ation and hypercin content in *Hypericum triquetrifolium* Turra. Nat Prod Res, 3: 1-7.

Kartnig T, Göbel I, Heydel B. 1996. Production of hyperiein, psedohyperiein and flavonoids in cell cultures of various *Hypericum* species and their ehemotypes. Planta Med, 62(1): 51-53.

Liu XN, Zhang XQ, Sun JS. 2007. Effects of cytokinins and elicitors on the production of hypericins and hyperforin metabolites in *Hypericum sampsonii* and *Hypericum perforatum*. Plant Growth Regulation, 53: 207-214.

Maisenbacher P, Kovar KA. 1997. Analysis the stability of hypericin. Planta Med, 58: 351-354.

Murch SJ, Choffe KL, Victor JMR, et al. 2000. Thidiazuron-induced plant regeneration from hypocotyl cultures of St. John's wort (*Hypericum perforatum*. cv 'Anthos'). Plant Cell Reports, 19(6): 576-581.

Olivo M, Fu CY, Raghavan V, et al. 2012. New frontier in hypericin mediated diagnosis of cancer with current optical technologies. Ann Biomed Eng, 40(2): 460-473.

Pinhatti AV, de Matos NJ, Maurmann N, et al. 2010. Phenolic compounds accumulation in *Hypericum ternum* propagated *in vitro* and during plant development acclimatization. Acta Physiologiae Plantarum, 32(4): 675-678.

Pretto FR, Santarem ER. 2000. Callus formation and plant regeneration from *Hypericum perforatum* leaves. Plant Cell, Tissue and Organ Culture, 62(2): 107-113.

Qian J, Wu J, Lu Y. 2012. Preparation of a polyclonal antibody against hypericin synthase and localization of the enzyme in red- pigmented *Hypericum perforatum* L. plantlets. Acta Biochimica Polonica, 59(4): 639-645.

Shilpashree HP, Ravishankar RA. 2009. *In vitro* plant regeneration and accumulation of flavonoids in *Hypericum mysorense*. International Journal of Integrative Biology, 8(1): 43-49.

Veronika B, Guido J, Adolf N, et al. 2000. Flavonoid from *Hypericum perforatum* show antidepressant activity in the Forced Swi-mming Test. Planta Medica, 66(1): 3-6.

Zubrická D, Mišianiková A, Henzelyová J, et al. 2015. Xanthones from roots, hairy roots and cell suspension cultures of selected *Hypericum* species and their antifungal activity against *Candida albicans*. Plant Cell Rep, 34(11): 1953-1962.

第六章 乌腺金丝桃的有害生物治理

第一节 常见杂草的种类概述

乌腺金丝桃在生长过程中,时时受到杂草的危害,杂草与乌腺金丝桃争夺水分、养分和光能。杂草根系发达,吸收土壤水分和养分的能力很强,而且生长优势强,耗水、耗肥常超过乌腺金丝桃生长的消耗。杂草的生长优势强,株高常高出作物,影响作物的光合作用,干扰并限制作物的生长。

一、常见的杂草

(一) 稗草

学名 *Echinochloa crusgalli* (L.) Beauv.,属禾本科一年生草本植物,别名芒早稗、水田草、水稗草等;广布全国各地(图 6-1-1)。

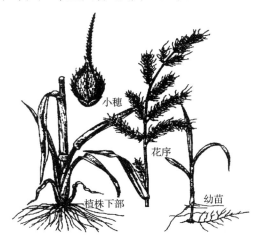

图 6-1-1 稗草(强胜,2001)

1. 形态特征

秆丛生,基部膝曲或直立,株高 50~130cm。叶片条形,无毛;叶鞘光滑无叶舌。圆锥花序稍开展,直立或弯曲;总状花序常有分枝,斜上或贴生;小穗有 2 个卵圆形的花,长约 3mm,具硬疣毛,密集在穗轴的一侧;颖有 3~5 脉;第一外稃有 5~7 脉,先端具 5~30mm 的芒;第二外稃先端具小尖头,粗糙,边缘内卷。颖果米黄色,卵形。种子繁殖。种子卵状,椭圆形,黄褐色。

2. 生态特点

生于湿地或水中,是沟渠和水田及其四周较常见的杂草,乌腺金丝桃在生长过程中常常受到稗草的危害。平均气温 12℃ 以上即能萌发。最适发芽温度为 25～35℃,10℃ 以下、45℃ 以上不能发芽,土壤湿润、无水层时,发芽率最高。土深 8cm 以上的稗籽不发芽,可进行二次休眠。在旱作土层中出苗深度为 0～9cm,0～3cm 出苗率较高。东北、华北稗草于 4 月下旬开始出苗,生长到 8 月中旬,一般在 7 月上旬开始抽穗开花,生育期 76～130d。

(二) 菵草

学名 *Beckmannia syzigachne* (Steud.) Fernald,属禾本科一年生草本植物,别名水稗子、菵米;广布全国各地。

1. 形态特征

幼苗的形态外观和看麦娘相似,但也有区分之处,菵草幼苗的第一片真叶的宽度比看麦娘阔 1 倍,前者的叶舌顶端有 1 深裂,而后者叶舌呈剑形;第二片真叶叶脉菵草具有 5 条直出平行脉,而看麦娘仅有 3 条直出平行脉。成株秆丛生,直立或略倾斜,高 15～90cm,具 2～4 节。叶片宽条形,叶色较淡,叶鞘长于节间,无毛,叶舌透明、膜质,包茎疏松。菵草一生有叶片 10～13 片,全生育期 215～240d,单株叶片 3～4 片时开始分蘖,最高的分蘖数可达 13 个。春季气温回升,菵草的生长发育加快,一般春季开始出穗。整个穗属圆锥花序,由多数直立长 1～5cm 穗状花序稀疏排列而成。小穗扁圆形,通常含 1 花,长约 3mm,脱节于颖之下,无柄,成两行着生于穗轴的一侧,两颖等长,边缘膜质,背部灰绿色,具淡绿色横纹。花果期 5～8 月。到 5 月上中旬种子从穗的顶部向下依次成熟,随熟随脱落于土中。气囊状颖片包裹小花,有助于子实漂浮水面传播。颖果矩椭圆形,长 0.7～1.8mm,宽 0.5～0.6mm,顶端常残存花柱,果皮呈黄色。在 8 月中下旬遇雨即开始发芽,如干旱则推迟萌发,10 月为发生的高峰期,翌年春天还能有少量发生,种子在土层中的深度常影响到种子的发芽率。在土表层的出苗率为 91.6%;土下 1cm 处的出苗率最高达到 96.8%,2cm 为 52%,4cm 为 4.73%,4cm 以下不能出苗。但一旦露于土表就立即发芽生长,种子在土层中的自然死亡率隔年的为 17.5%,再下一年为 34.8%,接下去死亡率达到 86.7%,随着年限的增长,萌发率相应下降。

2. 生态特点

适生于水边及潮湿处,尤其在地势低洼、土壤黏重的田块危害严重。由于生长迅速,可抑制其他草类的生长。有时形成小片纯群落,也是其他水湿群落常见的伴生种,具有耐盐性。乌腺金丝桃在生长过程中常常受到菵草的危害。

(三) 牛筋草

学名 *Eleusine indica* (L.) Gaertn.,属禾本科一年生草本植物,别名蟋蟀草、油葫芦草，广布全国各地。

1. 形态特征

茎秆丛生，斜升或侧卧，有的近直立，株高 15～90cm。叶片条形；叶鞘扁，鞘口具毛，叶舌短。穗状花序 2～7 枚，呈指状排列在秆端；穗轴稍宽，小穗成双行密生在穗轴的一侧，有小花 3～6 个；颖和稃无芒，第一颖片较第二颖片短，第一外稃有 3 脉，具脊，脊上粗糙，有小纤毛。颖果卵形，棕色至黑色，具明显的波状皱纹。靠种子繁殖。

2. 生态特点

北方春季出苗，部分种子 1 年内可生 2 代。秋季成熟的种子在土壤中休眠 3 个多月，在 0～1cm 土中发芽率高，深 3cm 以上不发芽。发芽需在 20～40℃变温条件下有光照。恒温条件下发芽率低，无光发芽不良。

(四)狗尾草

学名 *Setaria viridis* (L.) Beauv，属禾本科一年生草本植物，别名谷莠子、莠草，广布全国各地。

1. 形态特征

茎直立或基部膝曲；叶鞘松弛裹茎，鞘口具柔毛。叶片扁平，长 10～20cm，宽 0.8～1.5cm，先端渐尖，基部阔而稍抱茎。圆锥花序紧密呈圆柱状，长 2～20cm，穗轴多分枝，每枝生数个小穗，密集呈球状；小穗长椭圆形，长 2～2.5mm；外颖卵形，长为小穗的 1/3，具 3 脉，内颖与外稃与小穗近等长，具 5～7 脉，内稃膜质，长为小穗的 1/2。小穗基部具 5～6 条刚毛，长 4～12mm，绿色、黄色或变成紫色。颖果长卵形，扁平，长 1.3～2.2mm，宽 0.7～1mm，厚 0.5～0.8mm，表面浅灰绿色或黄绿色，具点状突起排列成的细条纹。胚芽鞘阔披针形，紫红色，长 2.5～3mm；第一片叶长圆形，长 10mm 左右，宽 2.5～3mm，浅绿色或鲜绿色；第二片叶较长，叶舌边缘有 1～2mm 长的密集柔毛。

2. 生态特点

一年生杂草，发芽适宜温度为 15～30℃，10℃也能发芽，但发芽率低而出苗缓慢，在土层中出苗深度为 0～8cm。东北 5 月初开始出苗，可持续到 7 月下旬，7～8 月开花，8～9 月种子成熟，成熟种子须经越冬休眠才能发芽。上海地区 4 月中下旬出苗，5 月下旬达高峰，9 月上中旬还有一个发生高峰，一年可发生 2～3 代。

(五)早熟禾

学名 *Poa annua* L.，属禾本科一年生或越年生草本植物，别名稍草、小青草、小鸡草、冷草、绒球草。

1. 形态特征

茎秆细弱、丛生、直立或稍倾斜，株高 8～30cm。叶鞘多从植株中部以下闭合，无毛；叶舌圆头膜质；叶片质地较软。圆锥花序呈开展状，每节具分枝 1～3 枝，小穗有花 3～5 朵；颖质薄，第一颖较第二颖短，有 1 条脉，第二颖有 3 脉；外稃边缘及其顶端膜质，有 5 脉，脊及边脉下部生茸毛，脉间无毛，有的基部具柔毛，基盘无绵毛；第一外稃长 3～4mm，内、外稃等长或略短，脊上有长柔毛。颖果近纺锤状。种子繁殖。

2. 生态特点

生于较湿润的草地、路旁或阴湿地块。

(六) 田旋花

学名 *Convolvulus arvensis* L.，属旋花科多年生蔓生草本植物；分布于东北、华北、西北、河南、山东、江苏、四川、西藏等省区。

1. 形态特征

叶互生具柄；叶形多变，但基部多为戟形或箭形，又称箭叶旋花。花紫红色，1～3 朵腋生；花梗上具两个狭小的苞片，远离花萼。蒴果球形至圆锥状。种子卵圆形三棱状。根芽或种子繁殖。

2. 生态特点

生于农田或荒地。田旋花在潮湿肥沃土壤中可成片生长，枝繁叶茂，夏秋间在近地面的根上产生越冬芽，再生力很强，刈割地上部、切断根部、断茬后，仍可发育成新的植株。

(七) 独行菜

学名 *Lepidium apetalum* Willd.，属十字花科一年生或越年生草本植物，别名腺茎独行辣辣根等；分布于东北、华北、西北、西南各省。

1. 形态特征

茎直立，株高 10～13cm，基部多分枝，具头状腺毛。基生叶丛生，有长柄，叶针形，有羽状浅裂或深裂；茎生叶互生，无柄或具短柄，叶片条形，全缘或具疏齿。总序，顶生，有 4 片花瓣，白色或稍带绿色，花很小，萼片早落，花瓣退化成丝状，具 2 雄蕊。短角果椭圆形至近圆形，扁平，先端略缺，上部具狭翅。种子棕红色，呈倒卵状。种子繁殖。

2. 生态特点

越冬幼苗于 3 月下旬至 4 月上中旬土壤解冻时返青，5 月下旬茎或分枝、开花。6 月下旬至 7 月上中旬种子成熟。经 14d 休眠，于当年 8 月开始发芽。幼苗在当年只进行营养生长，翌年才能开花结实。

(八) 荠菜

学名 *Capsella bursa-pastoris* (L.) Medic.，属十字花科一年生或越年生草本植

物；广布全国各地。

1. 形态特征

茎直立，株高 20~50cm，有分枝，全株具毛。叶分根生叶和茎生叶两种。根生叶，具柄，叶片有羽状深裂，有的具浅裂或不裂；茎生叶披针形，基部包茎，边缘生缺刻。总状花序顶生，花小有柄，萼片 4 个，长椭圆形，花瓣 4 片，白色，倒卵形排列成十字。短角果倒三角形，扁平，含种子多粒。种子繁殖。

2. 生态特点

生于农田或路旁。

(九) 酸模叶蓼

学名 *Polygonum lapathifolium* L.，属蓼科一年生草本植物，别名旱苗蓼、大马蓼、柳叶蓉等；分布在全国各地，北方尤其普遍。

1. 形态特征

茎直立，高 30~100cm，具分枝，光滑，无毛。叶互生有柄；叶片披针形至宽披针形，叶上无毛，全缘，边缘具粗硬毛，叶面上常具新月形黑褐色斑块；托叶鞘筒状。花序穗状，顶生或腋生，数个排列成圆锥状；花被浅红色或白色，4 深裂。瘦果卵圆形，黑褐色。

2. 生态特点

生于低湿地或水边。春季一年生杂草，发芽适温 15~20℃，出苗深度 5cm。东北地区 4 月下旬开始出苗，6 月下旬开花，7 月中旬种子开始成熟。

(十) 大蓟

学名 *Cephalanoplos setosum* (Willd.) Kitaml，异名 *Cirsium setosum* (Willd.) MB.，属菊科多年生草本植物，别名马蓟 (图 6-1-2)。

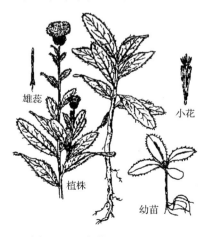

图 6-1-2 大蓟 (强胜，2001)

1. 形态特征

茎直立,株高50~100cm,上部具分枝,被蛛丝状毛。叶矩圆形,长5~12cm,宽2~6cm,前端钝,有刺尖,基部收狭,边缘有缺刻状齿或羽状浅裂,有细刺,叶面绿色,有疏蛛丝状毛或无毛,叶背上具密毛。头状花序,小,多集生在枝端,单性;雄花序较小,总苞长1.3cm左右,雌花序总苞长16~20cm,外层总苞片短,披针形,顶端尖,内层总苞片条状,披针形,顶端稍扩大,花冠紫红色,全是筒状花。瘦果黄白色至浅棕色,长圆形;冠毛羽状。靠根芽和种子进行繁殖。

2. 生态特点

根状茎分布在地下,4~5月形成新的地下根,萌发后生长成幼苗及成株,7~9月进入开花期。

(十一) 苍耳

学名 *Xanthium sibiricum* Patrin,属菊科一年生草本植物,别名苍子、苍耳子、野落苏;广布全国各地。

1. 形态特征

幼苗粗壮,子叶椭圆形披针状,肉质肥厚。成株茎直立,分枝多,粗壮,具钝棱和长条状斑点,株高30~100cm。叶互生有长柄;叶片三角状卵形或心形,边缘浅裂或具齿,两面均生有糙伏毛。花单性,浅黄绿色,雌雄同株;雄花头状花序球形,密集在枝端;雌花头状花序椭圆形,生在雄花序的下方,总苞具钩刺,内有2花。瘦果包在坚硬的、有钩刺的囊状总苞之中。种子繁殖。

2. 生态特点

耐干旱瘠薄,东北地区5月上中旬出苗,7月中下旬开花,8月中下旬种子成熟。根系发达,入土较深,不易清除和拔出。

(十二) 刺儿菜

学名 *Cepalanoplos segetum* (Bunge.) Kitaml,属菊科多年生草本植物,别名小蓟;广布全国各地。

1. 形态特征

匍匐根长。茎直立,无毛或有蛛丝状毛,株高20~50cm。叶互生,无柄。叶片椭圆形至长椭圆形披针状,全缘或具齿裂,有刺,两面被蛛丝状毛。头状花序单生在茎端,雌雄异株,雄株花序小于雌株,总苞长18mm,雌株为23mm;总苞片多层,先端具刺;花浅红色或紫红色。瘦果长椭圆形至长卵形,冠毛羽状。靠根芽繁殖居多。

2. 生态特点

生于农田、路边或荒地。喜生于腐殖质多的微酸性至中性土中,生活力、再生力很强。每个芽均可发育成新的植株，断根仍能成活。在田间易蔓延，形成群落后难以清除。

(十三) 马齿苋

学名 *Portulaca oleracea* L.，属马齿苋科一年生肉质草本植物，别名马齿菜、酱板菜、猪赞头等；广布全国各地。

1. 形态特征

茎从基部开始分枝，平卧或先端斜上。全体无毛状物。叶互生或假对生，近无柄或极短，叶片倒卵形，全缘。花3～5朵簇生在枝顶，无梗，黄色，5个花瓣，4～5个苞片，2个萼片。蒴果圆锥形，盖裂。种子黑褐色，肾状卵形，种子细小，有光泽。

2. 生态特点

寄生在肥沃且湿润的农田、地边、路旁等处，是夏季杂草。发芽适温20～30℃，耐干旱，繁殖力强。一株可产生种子数万粒，折断的茎入土仍可成活。在上海4月底至5月初出苗，5月中旬、9月初发生两个高峰，年生两代。东北地区一年一代，5月中旬出苗，6～8月开花，7～9月种子成熟。

(十四) 曼陀罗

学名 *Datura stramonium* L.，属茄科一年生草本植物；广布全国各地。

1. 形态特征

茎粗壮直立，株高50～150cm，光滑无毛，有时幼叶上有疏毛。上部常呈二叉状分枝。叶互生，叶片宽卵形，边缘具不规则的波状浅裂或疏齿，具长柄。脉上生有疏短柔毛。花单生在叶腋或枝叉处；花萼5齿裂，筒状，花冠漏斗状，白色至紫色。蒴果直立，表面有硬刺，卵圆形。种子稍扁，肾形，黑褐色。

2. 生态特点

生于农田或荒地。

(十五) 龙葵

学名 *Solanum nigrum* L.，属茄科一年生草本植物，别名野葡萄、天宝豆等；广布全国各地(图6-1-3)。

1. 形态特征

幼苗全株无毛，子叶宽披针形，初生叶1枚，宽卵形。成株茎直立，分枝多，无毛，株高30～100cm。叶互生有长柄；叶片卵形，全缘或具不规则的波状粗齿，两面光滑或具疏短柔毛。伞形聚伞花序短蝎尾状，腋外生，有4～10朵花，花冠白色，花梗下垂，花萼杯状，5个裂片，裂片卵状三角形，5个雄蕊，生在花冠的管口。浆果球形，成熟时黑色。种子扁平，近卵形。

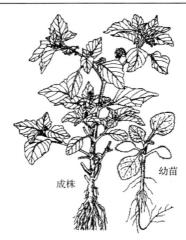

图 6-1-3 龙葵（强胜，2001）

2. 生态特点

生于农田或荒地。龙葵喜欢生在肥沃的微酸性至中性土壤中，5～6 月出苗，7～8 月开花，8～10 月果实成熟，种子埋在土中，遇雨后长出新的幼苗。

（十六）反枝苋

学名 *Amaranthus retroflexus* L.，属苋科一年生草本植物，别名苋菜、野苋菜；分布于东北、华北和西北，其他各省也有。

1. 形态特征

茎直立，高 20～80cm，有分枝，密生短柔毛。叶互生有长柄；叶片卵形至椭圆状卵形，先端稍凸或略凹，有小芒尖，两面和边缘具柔毛。花序圆锥状，顶生或腋生，花簇刺毛多；花白色，5 被片，具浅绿色中脉 1 条。胞果扁球形包在花被里，开裂。种子圆形至倒卵形，表面黑色。

2. 生态特点

生于农田、路边或荒地。反枝苋适应性极强，到处都能生长，不耐荫，在密植田或高秆作物中生长发育不好。种子发芽适温 15～30℃，土层内出苗深度 0～5cm。黑龙江 5 月上旬出苗，一直持续到 7 月下旬，7 月初开始开花，7 月末至 8 月初种子陆续成熟。成熟种子无休眠期。

（十七）鸭跖草

学名 *Commelina communis* L.，属鸭跖草科春季一年生杂草，别名兰花草、竹叶草等；分布于南、北各省区，是北部各省重要的春季一年生杂草。

1. 形态特征

鸭跖草仅上部直立或斜伸，茎圆柱形，长 30～50cm，茎下部匍匐生根。叶互生，无柄，披针形至卵状披针形，第一片叶长 1.5～2cm，有弧形脉，叶较肥厚，表面有光泽，叶基部下延成鞘，具紫红色条纹，鞘口有缘毛。小花每 3～4 朵一簇，由一绿色心形折叠苞片包被，着生在小枝顶端或叶腋处。花被 6 片，外轮 3 片，较小，膜质，内轮 3 片，中前方一片白色，后方 2 片蓝色，鲜艳。蒴果椭圆形，2 室，有种子 4 粒。种子土褐色至深褐色，表面凹凸不平。种子繁殖。

2. 生态特点

5 月上中旬出苗，6 月始花，7 月中旬种子成熟，发芽适温 15～20℃，土层内出苗深度 0～3cm，埋在土壤深层的种子 5 年后仍能发芽。

(十八) 葎草

学名 *Humulus scandens* (Lour.) Merr.，属桑科一年生草本植物，别名拉拉藤、牵牛藤；除新疆、青海外，全国均有分布。

1. 形态特征

茎缠绕，茎长 1～5m，具纵行棱角；茎、叶柄上具倒钩刺。叶具长柄，对生，叶片掌状 5～7 个深裂，裂片卵圆形，边缘有锯齿，两面均具粗糙的毛。单性花，雌雄异株，雄花序圆锥形，雄花浅黄绿色，雌花序穗状，一般 10 余朵花相集下垂；花梗细长，有短钩刺。瘦果浅黄色，扁圆形，先端有圆柱状突起。成熟后形成球状果，种子繁殖。

2. 生态特点

生于沟边、路旁或农田中。8～10 月进入花果期，抗逆性强，耐寒、抗旱、喜肥、喜光，长势旺盛，易形成群落。

(十九) 藜

学名 *Chenopodium album* L.，属藜科一年生草本植物，别名灰菜；广布全国各地(图 6-1-4)。

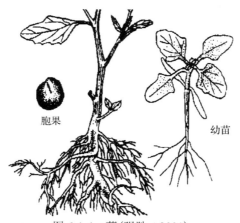

图 6-1-4　藜(强胜，2001)

1. 形态特征

茎直立，高 30～120cm，多分枝，具条纹。叶互生有长柄；基部叶片较大，多呈菱状或三角状卵形，边缘具不整齐的浅裂或波状齿；茎上部的叶片较窄，叶背具粉粒。花序圆锥状，两性花，5 个花被片。胞果包于花被内或微露。种子双凸镜形，黑褐色至黑色。

2. 生态特点

藜适应性很强，抗寒耐旱，发芽适温 15～25℃，东北地区 4 月中旬开始出苗，6 月下旬开花，7 月下旬种子成熟；每株可结籽 2 万粒，在土壤中 4cm 能发芽，土壤含水量 20%～30%发芽率高。

二、杂草的综合治理

乌腺金丝桃在生长过程中，可以采用地膜覆盖行间，以提高土表温度，抑制杂草生长。适时进行人工除草，由于乌腺金丝桃为药用植物，一般情况下不使用除草剂，特殊情况下可使用低残留的 24%烯草酮 SC 1500 倍，在植株生长期内行间定向喷雾 1～2 次。

第二节　常见害虫的种类概述

乌腺金丝桃在生长过程中，常受到地下害虫的危害，分别概述如下。

一、东方蝼蛄

学名：*Gryllotalpa orientalis* Burmeister，直翅目蝼蛄科。杂食性害虫，常见于东北各省。别名：拉拉蛄、土狗子、地狗子。

1. 形态特征

卵：椭圆形。初产长约 2.8mm，宽 1.5mm，灰白色，有光泽，后逐渐变成黄褐色，孵化之前为暗紫色或暗褐色，长约 4mm，宽 2.3mm。

若虫：8～9 个龄期。初孵若虫乳白色，体长约 4mm，腹部大。2～3 龄以上若虫体色接近成虫，末龄若虫体长约 25mm。

成虫：体长 30～35mm，灰褐色，全身密布细毛。头圆锥形，触角丝状。前胸背板卵圆形，中间具一暗红色长心脏形凹陷斑。前翅灰褐色，较短，仅达腹部中部。后翅扇形，较长，超过腹部末端。腹末具 1 对尾须。前足为开掘足，后足胫节背面内侧有 4 个距。

2. 生活史

东方蝼蛄在华北、东北、西北 2 年左右完成 1 代，越冬成虫 5 月开始产卵，盛期为 6 月、7 月两个月，卵经 15～28d 孵化，当年孵化的若虫发育至 4～7 龄后，在 40～60cm 深土中越冬。第二年春季恢复活动，为害至 8 月开始羽化为成虫。若虫期长达 400 余天。当年羽化的成虫少数可产卵，大部分越冬后，至第三年才产卵。在黑龙江省越冬成虫活动盛期在 6 月上中旬，越冬若虫的羽化盛期在 8 月中下旬。

虫态有成虫、卵、若虫。成虫、若虫均在土中活动，取食播下的种子、幼芽或将幼苗咬断致死，受害的根部呈乱麻状。昼伏夜出，晚 9～11 时为活动取食高峰。

3. 习性

群集性。初孵若虫有群集性，怕光、怕风、怕水。东方蝼蛄孵化后 3～6d 群集在一起，以后分散为害；华北蝼蛄初孵若虫 3 龄后方才分散为害。

趋光性。东方蝼蛄昼伏夜出，具有强烈的趋光性。利用黑光灯，特别是在无月光的夜晚，可诱集大量东方蝼蛄，且雌性多于雄性。故可用灯光诱杀之。华北蝼蛄因身体笨重，飞翔力弱，诱量小，常落于灯下周围地面。但在风速小、气温较高、闷热将雨的夜晚，也能大量诱到。

趋化性。东方蝼蛄对香、甜物质气味有趋性，特别嗜食煮至半熟的谷子、棉籽及炒香的豆饼、麦麸等。因此可制毒饵来诱杀之。此外，东方蝼蛄对马粪、有机肥等未腐烂有机物有趋性，所以，在堆积马粪、粪坑及有机质丰富的地方东方蝼蛄就多，可用毒粪进行诱杀之。

趋湿性。东方蝼蛄喜欢栖息在河岸渠旁、菜园地及轻度盐碱潮湿地，有"蝼蛄跑湿不跑干"之说。东方蝼蛄比华北蝼蛄更喜湿。东方蝼蛄多集中在沿河两岸、池塘和沟渠附近产卵。产卵前先在 5～20cm 深处作窝，窝中仅有 1 个长椭圆形卵室，雌虫在卵室周围约 30cm 处另作窝隐蔽，每雌产卵 60～80 粒。

4. 防治

农业防治。精耕细作，深耕多耙；施用充分腐熟的农家肥；有条件的地区实行水旱轮作；人工捕捉。

诱杀。在田间挖 30cm 见方、深约 20cm 的坑，内堆湿润马粪并盖草，每天清晨捕杀蝼蛄；用诱虫光灯诱杀成虫。

药剂防治。将豆饼或麦麸 5kg 炒香，或秕谷 5kg 煮熟晾至半干，再用 90%晶体敌百虫 150g 兑水将毒饵拌潮，每亩用毒饵 1.5～2.5kg 撒在地里或苗床上。

二、蛴螬

蛴螬，鞘翅目金龟总科，有 40 余种，即金龟甲幼虫的总称。别名：鸡婆虫、土蚕、老母虫、白时虫、蠐头、大牙。成虫通称为金龟甲或金龟子。危害多种植物。按其食性可分为植食性、粪食性、腐食性三类。其中植食性蛴螬食性广泛，危害多种农作物、经济作物和花卉苗木，喜食刚播种的种子、根、块茎及幼苗，是世界性的地下害虫，危害很大。

1. 形态特征

体肥大，体型弯曲呈"C"形，多为白色，少数为黄白色。头部褐色，上颚显著，腹部肿胀。体壁较柔软多皱，体表疏生细毛。头大而圆，多为黄褐色，生有左右对称的刚毛，刚毛数量的多少常为分种的特征。例如，华北大黑鳃金龟的幼虫是3对，黄褐丽金龟幼虫是5对。蛴螬具胸足3对，一般后足较长。腹部10节，第10节称为臀节，臀节上生有刺毛，其数目的多少和排列方式也是分种的重要特征。

2. 生活习性

蛴螬一到两年1代，幼虫和成虫在土中越冬，成虫即金龟子，白天藏在土中，晚上8～9时进行取食等活动。蛴螬有假死和负趋光性，并对未腐熟的粪肥有趋性。幼虫蛴螬始终在地下活动，受土壤温湿度影响较大。当10cm土温达5℃时开始上升到土表，13～18℃时活动最盛，23℃以上则往深土中移动，至秋季土温下降到其活动适宜范围时，再移向土壤上层。

3. 种群分布

分布很广，从黑龙江起至长江以南地区及内蒙古、陕西等地均有。

4. 发生规律

成虫交配后10～15d产卵，产在松软湿润的土壤内，以水浇地最多，每头雌虫可产卵一百粒左右。蛴螬年生代数因种、因地而异。生活史较长，一般一年一代，或2～3年1代，长者5～6年1代。例如，大黑鳃金龟2年1代，暗黑鳃金龟、铜绿丽金龟一年1代。蛴螬共3龄，1～2龄期较短，3龄期最长。

5. 危害

蛴螬对幼苗及其他作物的危害主要在春秋两季最重。蛴螬咬食幼苗嫩茎，植物块根被钻成孔眼，当植株枯黄而死时，它又转移到别的植株继续危害。此外，因蛴螬造成的伤口还可诱发病害；其中植食性蛴螬食性广泛，危害多种植物和苗木，喜食刚播种的种子，以及根、块茎、幼苗，是世界性的地下害虫，危害很大。

6. 防治

农业防治。适时灌水；不施未腐熟的有机肥料；精耕细作，及时镇压土壤，清除田间杂草。

毒饵诱杀。每亩地用50%辛硫磷乳油50～100g拌饵料3～4kg，撒于行间，亦可收到良好的防治效果。

物理方法。可设置黑光灯诱杀成虫，减少蛴螬的发生数量。

生物防治。利用天敌金龟子黑土蜂、白僵菌等。

三、金针虫

金针虫，鞘翅目叩甲科（Elateridae）叩头甲幼虫的总称。别名：铁丝虫、铁条虫。金针虫危害植物根部、茎基、取食有机质，取食烟草的有很多种，主要有沟金针虫（*Pleonomus canaliculatus*）、细胸金针虫（*Agriotes fusicollis*）、褐纹金针虫（*Melanotus caudex*）、宽背金针虫（*Selatosomus latus*）、兴安金针虫（*Harminius dahuricus*）、暗褐金针虫（*Selatosomus* sp.）等。成虫称为"叩头虫"，幼虫称为"金针虫"。

金针虫以幼虫长期生活于土壤中，主要为害植物的幼苗等。幼虫能咬食刚播下的种子，为害胚乳使其不能发芽，如已出苗可为害须根、主根和茎的地下部分，使幼苗枯死，主根受害部不整齐。金针虫还能蛀入块茎和块根。

1. 形态特征

叩头虫一般颜色较暗，体形细长或扁平，具有梳状或锯齿状触角。胸部下侧有一个爪，受压时可伸入胸腔。当叩头虫仰卧时，若突然敲击爪，叩头虫即会弹起，向后跳跃。幼虫圆筒形，体表坚硬，蜡黄色或褐色，末端有两对附肢，体长13～20mm。根据种类不同，幼虫期1～3年，蛹在土中的土室内，蛹期大约3周。成虫体长8～9mm或14～18mm，因种类而异。体黑色或黑褐色，头部生有1对触角，胸部着生3对细长的足，前胸腹板具1个突起，可纳入中胸腹板的沟穴中。头部能上下活动似叩头状，故俗称"叩头虫"。幼虫体细长，25～30mm，金黄色或茶褐色，并有光泽，故名"金针虫"。身体生有同色细毛，3对胸足大小相同。

2. 分布区域

沟金针虫主要分布区域北起辽宁，南至长江沿岸，西到陕西、青海，旱作区的粉砂壤土和粉砂黏壤土地带发生较重；细胸金针虫从东北北部，到淮河流域，北至内蒙古以及西北等地均有发生，但以水浇地、潮湿低洼地和黏土地带发生较重；褐纹金针虫主要分布于华北；宽背金针虫分布于黑龙江、内蒙古、宁夏、新疆；兴安金针虫主要分布于黑龙江；暗褐金针虫分布于四川西部地区。

3. 生活习性

金针虫的生活史很长，因种类而不同，常需3～5年才能完成一代，各代以幼虫或成虫在地下越冬，越冬深度在20～85cm。

沟金针虫约需3年完成一代，越冬成虫于5月上旬开始活动，6月上旬为活动盛期。成虫白天躲在麦田或田边杂草中和土块下，夜晚活动，雌性成虫不能飞翔，行动迟缓有假死性，没有趋光性，雄虫飞翔较强，卵产于土中3～7cm深处，卵孵化后，幼虫直接为害作物。

在地下主要为害玉米幼苗根茎部。有沟金针虫、细胸金针虫和褐纹金针虫三种，其幼虫统称金针虫，其中以沟金针虫分布范围最广。为害时，可咬断刚出土的幼苗，也可钻入已长大的幼苗根里取食为害，被害处被不完全咬断，断口不整齐。还能钻蛀较大的种子及块茎、块根，蛀成孔洞，被害株则干枯而死亡。沟金针虫在 8～9 月化蛹，蛹期 20d 左右，9 月羽化为成虫，即在土中越冬，次年 3～4 月出土活动。金针虫的活动，与土壤温度、湿度、寄主植物的生育时期等有密切关系。其上升表土为害的时间，与春玉米的播种至幼苗期相吻合。

4. 防治

精细整地，适时播种，合理轮作，消灭杂草，适时早浇，及时中耕除草，创造不利于金针虫活动的环境，可以使用白僵菌进行防治。

四、地老虎

地老虎，属夜蛾科，种类很多，对农业作物造成危害的有 10 余种，其中小地老虎、黄地老虎、大地老虎、白边地老虎和警纹地老虎等尤为重要。地老虎是多食性害虫，均以幼虫为害；幼虫将幼苗近地面的茎部咬断，使整株死亡，造成缺苗断垄；多种杂草常为其重要寄主。

1. 形态特征

地老虎，成虫体长 17～23mm、翅展 40～54mm。头、胸部背面暗褐色，足褐色，前足胫、跗节外缘灰褐色，中后足各节末端有灰褐色环纹。前翅褐色，前缘区黑褐色，外缘以内多暗褐色；基线浅褐色，黑色波浪形内横线双线，黑色环纹内 1 圆灰斑，肾状纹黑色，具黑边，其外中部 1 楔形黑纹伸至外横线，中横线暗褐色波浪形，双线波浪形外横线褐色，不规则锯齿形亚外缘线灰色，其内缘在中脉间有 3 个尖齿，亚外缘线与外横线间在各脉上有小黑点，外缘线黑色，外横线与亚外缘线间淡褐色，亚外缘线以外黑褐色。后翅灰白色，纵脉及缘线褐色，腹部背面灰色。

2. 生活习性

成虫的趋光性和趋化性因虫种而不同。小地老虎、黄地老虎、白边地老虎对黑光灯均有趋性；对糖酒醋液的趋性以小地老虎最强；黄地老虎则喜在大葱花蕊上取食作为补充营养。卵多产在土表、植物幼嫩茎叶上和枯草根际处，散产或堆产。3 龄前的幼虫多在土表或植株上活动，昼夜取食叶片、心叶、嫩头、幼芽等部位，食量较小。3 龄后分散入土，白天潜伏土中，夜间活动为害，常将作物幼苗齐地面处咬断，造成缺苗断垄。有自残现象。

地老虎的越冬习性较复杂。黄地老虎和警纹地老虎均以老熟幼虫在土下筑土室越冬。白边地老虎则以胚胎发育晚期而滞育的卵越冬。大地老虎以 3～6 龄幼虫在表土或草丛中越夏和越冬。小地老虎越冬受温度因子限制：北纬 33°附近等温线以北不能越冬；以南地区可有少量幼虫和蛹在当地越冬。

3. 防治

农业防治。清洁田园,铲除菜地及地边、田埂和路边的杂草;结合整地人工铲埂等,可杀灭虫卵、幼虫和蛹;种植诱集植物,诱集产卵植物带,引诱成虫产卵,在卵孵化初期铲除并携出田外集中消毁。

物理防治。用糖醋液或黑光灯诱杀越冬代成虫,在春季成虫发生期设置诱蛾器(盆)诱杀成虫。

化学防治。多在 3 龄后开始取食时应用,将 50%辛硫磷乳油 50g 拌在 5kg 炒熟的豆饼上,制成毒饵,于傍晚在田内每隔一定距离撒成小堆。

第三节 常见病害种类概述

乌腺金丝桃常见病害有乌腺金丝桃链格孢菌叶斑病、乌腺金丝桃立枯病、乌腺金丝桃猝倒病。

一、乌腺金丝桃链格孢菌叶斑病

乌腺金丝桃链格孢菌叶斑病是吉林省新病害,主要危害叶片,初期病斑表现为点状斑,浅红褐色,约 2 周扩展为圆形或近椭圆形病斑,病斑中间颜色浅,为暗红色,边缘颜色略深,为砖红色,病斑比较明显,类眼状斑,典型病斑大小为 1~3mm,多分散发生于叶面,严重时病斑布满整个叶片,病斑不聚合,可以造成落叶等,病原为链格孢属真菌(*Alternaria* sp.)。适于病害发生的条件为 6~9 月,其中 6 月上旬初发生,病害发生缓慢,9 月初发生严重,一般在 20~25℃多雨天气易于发病,病原菌随着病叶等越冬,成为第二年初侵染来源。

室内研究表明,不同碳、氮源对乌腺金丝桃叶斑病病原菌生长有影响,适宜病原菌菌丝生长的碳源为葡萄糖和蔗糖,氮源为硝酸钾;适宜孢子萌发的碳源为麦芽糖,氮源为硝酸钙;适宜孢子萌发的温度为 20~25℃;适宜菌丝生长的温度为 20~25℃;光照条件下更有利于孢子萌发及菌丝生长;pH 7 中性条件下更适合孢子的萌发及菌丝的生长。

乌腺金丝桃链格孢菌叶斑防治:在发病初期使用 25%嘧菌酯 SC 1000~1500 倍液、20%苯醚甲环唑 EW 2000~2500 倍液,7d 一次,2~3 次即有良好的防效。

二、乌腺金丝桃立枯病

乌腺金丝桃立枯病多发生在乌腺金丝桃育苗的中后期,主要危害幼苗茎基部,初为椭圆形或不规则暗褐色病斑,病苗早期白天萎蔫,夜间恢复,病部逐渐凹陷,严重时病斑扩大绕茎一周时,干枯死亡,但不倒伏。轻病株仅见褐色凹陷病斑而不枯死。苗床湿度大时,病部可见不甚明显的淡褐色霉层。

乌腺金丝桃立枯病是以镰孢菌、立枯丝核菌为主的病菌引起的苗期病害。

病菌以菌丝等在土壤或寄主病残体上越冬，腐生性较强，可在土壤中存活 2～3 年。混有病残体的未腐熟的堆肥，以及在其他寄主植物上越冬的菌丝体等，均可成为病菌的初侵染源。病菌通过雨水、流水、沾有带菌土壤的农具以及带菌的堆肥传播，从幼苗茎基部或根部伤口侵入，也可穿透寄主表皮直接侵入。

病菌生长适温为 17～28℃，12℃以下或 30℃以上病菌生长受到抑制，一般幼苗徒长时发病重。土壤湿度偏高、土质黏重及排水不良的低洼地发病重。光照不足，光合作用差，植株抗病能力弱，也易发病。病菌发育适温 20～24℃。刚出土的幼苗及大苗均能受害，一般多在育苗中后期发生。苗期床温较高、阴雨多湿、土壤过黏、重茬情况下发病重。播种过密、间苗不及时、温度过高易诱发本病。

防治方法：育苗时，可以适当调节土壤酸碱度，使土壤偏酸性，发病初期，使用 30%瑞苗清 EW 1500～2000 倍液喷雾，30%噁霉灵 AS 1500～2000 倍液喷雾，可以有效控制病害的发生。

三、乌腺金丝桃猝倒病

乌腺金丝桃猝倒病在幼苗期易发生，幼苗多从茎基部感病，初为水渍状，并很快扩展、溢缩变细如"线"样，病部不变色或呈黄褐色，病势发展迅速，在子叶仍为绿色、萎蔫前即从茎基部倒伏而贴于床面。苗床湿度大时，病残体及周围床土上可生一层絮状白霉。病害开始仅个别幼苗发病，条件适合时以这些病株为中心，迅速向四周扩展蔓延，形成一块一块的病区。

病原由鞭毛菌亚门真菌瓜果腐霉侵染所致，病菌以卵孢子随病残体在土壤中越冬。条件适宜时卵孢子萌发，产生芽管，直接侵入幼芽，或芽管顶端膨大后形成孢子囊，以游动孢子借雨水或灌溉水传播到幼苗上，从茎基部侵入。湿度大时，病苗上产生的孢子囊和游动孢子进行再侵染，土温 15～20℃时繁殖最快，在 8～9℃低温条件下也可生长。当植株根部湿度过大时，乌腺金丝桃很易发生猝倒病。

防治方法：在发病初期，使用 72.2%普力克 EC 400 倍液或 69%烯酰吗啉锰锌 WP 800 倍液喷雾，可以有效控制病害的发生。

参 考 文 献

方丽, 王连平, 任海英, 等. 2011. 部分糖类及化感物质对白术白绢病菌与根腐病菌的影响. 浙江农业学报, (5): 955-960.

方中达. 1998. 植病研究方法. 北京: 中国农业出版社: 36-59.

洪晓月, 丁锦华. 2007. 农业昆虫学. 北京: 中国农业出版社.

浑之英, 袁立兵. 2012. 农田杂草识别原色图谱. 北京: 中国农业出版社.

强胜. 2001. 杂草学. 北京: 中国农业出版社.

茹水江, 王汉荣, 王连平, 等. 2007. 白术白绢病病原生物学特性及其防治药剂筛选. 浙江农业学报, (19): 439-443.
施淑斌, 陈妍, 范文忠. 2014. 乌腺金丝桃链格孢菌叶斑病的发生及防治初报. 特种经济动植物, (12): 47-48.
魏书琴. 2010. 不同氮、碳源对黄花乌头根腐病病原菌生长的影响. 北方园艺, (24): 160-162.
魏书琴, 沈育杰. 2009. 不同碳源、氮源对刺五加黑斑病菌生长的影响. 中国农学通报, (24): 389-391.
吴振宇, 艾启俊, 王燕, 等. 2009. 中草药提取物对链格孢菌抑制作用增效组合的研究. 食品科学, 30(3): 36-38.
肖仲久, 李小霞, 田茂杰. 2012. 杀菌剂对不同种植区白术白绢病菌的毒力差异研究. 江苏农业科学, (4): 121-123.
肖仲久, 李小霞, 张绍梅, 等. 2012. 6种培养基对不同来源白术白绢病菌培养的影响. 广东农业科学, (6): 89-90.
解溥, 李鹏, 穆娟微. 2011. 碳源对水稻褐变穗病原菌分生孢子萌发的影响. 北方水稻, (5): 21-22.